- 2017年度教育部人文社会科学研究专项课题"全员育人:'同向同行'的平台设计与教师组织——以'大国方略'系列课为例",项目批准号:17JDSZ1013
- 上海高校思想政治理论课名师工作室——"顾晓英工作室"
- 2019年上海高校课程思政领航计划(整体改革领航高校)之精品改革领航课程"生命智能"
- 2019年上海高校本科重点教改项目"强化人文内涵 打造AI教育系列通识课"

微信扫一扫
关注"顾晓英工作室"

生命智能课程直击

顾晓英　编著

上海大学出版社

·上海·

图书在版编目(CIP)数据

生命智能课程直击 / 顾晓英编著. ——上海：上海大学出版社，2020.3
ISBN 978-7-5671-3823-0

Ⅰ. ①生… Ⅱ. ①顾… Ⅲ. ①人工智能-高等学校-教材 Ⅳ. ①TP18

中国版本图书馆 CIP 数据核字(2020)第 039809 号

责任编辑　刘　强
封面设计　柯国富
技术编辑　金　鑫　钱宇坤

生命智能课程直击

顾晓英　编著

上海大学出版社出版发行
(上海市上大路 99 号　邮政编码 200444)
(http://www.shupress.cn　发行热线 021-66135112)
出版人　戴骏豪

*

南京展望文化发展有限公司排版
上海颛辉印刷厂印刷　各地新华书店经销
开本 710 mm×1000 mm　1/16　印张 15　字数 246 千
2020 年 3 月第 1 版　2020 年 3 月第 1 次印刷
ISBN 978-7-5671-3823-0/TP・75　定价：38.00 元

主编心语

一直以来,我们每天按部就班,工作、学习和生活,总以为平安幸福乃理所当然,时而还会为生活的平淡无奇而抱怨。2020年1月,突如其来的"新冠肺炎"疫情,让我们醒悟。其实,我们所谓的平淡无奇中有无与伦比的平安与幸福。放眼人类社会,人类自身发展进程本来就充满了挫折与逆境。生而为人,请珍惜所享受到的一切。因为,人生经常会历经挫折和苦难,只要不抛弃不放弃,战胜逆境,就能实现蜕变与超越。细究人体内部,人体是一个"永动机",细胞器官无时无刻不在工作,构成神奇的生命世界。病毒入侵,人体如何打赢战争?我们必须重塑对人体生命神奇的敬畏。2019年的春天,上海大学开设新课"生命智能",名师大家勇敢直面"生"与"死"的话题,从"治未病"到"神农尝百草",从"遥控手术"到"器官置换""衰而不老",以及相应的社会经济制度支持等,一个个专题既传递生命科学和智能知识,更让学生明了,我们在享受着整个人类创造的成果。生命不只是个人的,我们是中国人,我们更是整个人类中的一员。我们应该有视野有境界,有责任有担当。

直击配套课程。"课程是教育事业的核心,是教育运行的手段。没有课程,教育就没有了用以传达信息、表达意义、说明价值的媒介。"(泰勒)课程是有目的有组织的。2018年春季学期,上海大学紧跟国家发展步伐,落实教育部新工科建设和《高等学校人工智能创新行动计划》要求,主动谋划,率先在人工智能通识教育方向布局开课,在全国高校首创"人工智能"通识课程。一年来,学校继"人工智能"之后连续开设"智能文明""人文智能""智能法理"和"生命智能",五门课程成为"大国方略"系列课程之后的新的系列。系列课程均为通识课,既注重跨学科综合交叉引入

新一代人工智能基础理论传递知识,更给学生视野、方法和立意,开启学生脑洞,放飞学生想象,着力培养担当民族复兴大任的时代新人。团队已于2019年出版"人工智能"课程配套图书《人工智能课程直击》和《人与机器:思想人工智能》。《生命智能课程直击》是上海大学系列课程团队第五部展现课堂原生态的书,也是"人工智能"系列课程的第二部课程直击书。"人文智慧与人工智能"丛书已签约德国斯普林格出版社进行版权输出,开启丛书面向全球发布之路。这也是中国课程思政教材第一次走向世界。

互动重塑思维。 生命智能,意在对人工智能有所思考,能够借生命的话题看到我们思维中新的世界,不是局限在人工智能意义上的生命智能,而是回到原点,发现生命智慧。课堂创新是大学教学的活力之源,有助于释放学生创造力和想象力。以大学生的学习方式革命推动大学课堂革命,以课堂革命推动高校本科教学革新,"生命智能"课程让问题牵引、师生对话、思维启迪点燃课堂。课堂上,教师引入"三不朽"看古人如何"立德、立功、立言"来超越死亡,领悟生命在中华文化中的勃勃生机,启发学生思考和想象未来会怎样。灵动课堂有助于学生明了思考的意义、学习的意义、成长的意义乃至生命的意义。课堂被思维训练重塑,学生能与自我、与同学、与教授充分对话,互动让课堂充满春天的气息。"知识的盛宴,也是生命的洗礼!""精彩绝伦,脑洞大开!"学生如此感叹。因为它既唤醒了学生潜心学习与成长,也唤醒了教师角色发生改变,带给教师专业成长以更多可能性。

线上延展课堂。 互联网时代带来课程全新形态。上海大学"创新中国"课程已通过超星尔雅平台运行,全国1 000所高校的20多万名学生选课,获评2017年首批国家精品在线开放课程。"创业人生""时代音画""经国济民"也已悉数上线。"人工智能""智能文明""人文智能""智能法理"和"生命智能"这组"人工智能"系列课程也已全部上线。这组新课率先"试水""人工智能",打通人文与科技,以问题为导向,以学生为中心,得到选课高校及选课学生的好评。系列课程承继"大国方略"系列课程之"大",兼有新工科之"新"。在线课程采取随堂跟拍的形式,展现课堂内教师与学生的鲜活表情和生动对话。课程引领更多教师直面迅猛而来的人工智能浪潮,联通不同学科,体验人工智能交互认知和交互认知的方法学。这组课程不只关注智能技术,更聚焦人类本身,引领线上或线下受众切身感知人工智能带来的改变。《生命智能课程直击》能带给读者实体课堂的现场感。

反馈印证智慧。大学之大在于有大师。有名师大家介入,就有可能打造好课程。优质课程、灵活课堂与教师发展是一个过程的多个方面。只有深刻体验过并内在认同的理论和理念,才具有真正的指导价值和共享意义。教师的教学研究有助于自身获得职业生命的旅途感。"生命智能"的课程设计体现了教学团队对教学内容和教学目标意义的理解和诠释,课堂教学既体现着教师对教育理论的领悟,又能体现教师的实践智慧。教师发展则体现了教师如何成为"教的专家"。他们尤其注重在课堂教学中因材施教,渗透人文底蕴,训练学生思维品质。"关注人类命运,融通生命智慧"。它全方面呈现了"生命智能"课程的课堂内外、网上网下教学实践过程,展示了新工科背景下上海大学在通识教育教学改革理念和理工类课程的思政育人创意。它引导读者关注的"不只是自己个体的生命,还有全人类的生命",不只是展示智能技术和医学、生命科学发展前沿,更有各学科的名师大家从社会、政治、管理等不同视域对生命智能的形而上思考。不图破解"智能"奥秘,旨在激发学生对于人类生存和未来发展的思考。"永生"的人类需要比机器更聪明,永远!书中编录课程班学生的学思文字,从"受众"视角见证名师智慧。

想象牵引学生。智能问题研究是当代最富有挑战性的前沿之一。有人说:"生命是智能的物质载体,智能是生命的思想灵魂。"生命与智能融合成的通识课程,将是高校人才培养课程体系中通识教育的崭新生长点。课程不囿于"生命"和"智能"专业学生,而是面向全体学生的。短短的10周课程,不同学科的教授和两名活跃在上海市三甲医院第一线的医生汇聚"生命智能"课堂,用"听得懂、能领会"的话语,一回回改变学生认知,"逼迫"学生一次次打开脑洞。他们不仅仅给学生提供正面的预测,更是在牵引学生一步步"走进"一个个陌生的领域,尝试着对生命智能相关医疗前沿和生命智能概念和运用场景作出自己的理解,就一个又一个看似不可能回答的问题给出自己的回应;引导学生了解生命载体及智能灵魂,激发学生产生多维度的想象。学生跟随着教师,一起感受生命智能的奥秘、现有局限和可能突破点,尝试着思考人机关系的多种模式,体验着对生命智能的跨学科认知和多学科思维,渐渐养成对自然的谦卑、对生命的尊重、对科技的警惕、对政府的理解和对理性的矜持。

"生容易,活容易,生活不容易"
离开的都是过去的风景,留下来的才是人生

从"生命"到"智能"到"生命智能"
从无到有到创造

生命很精彩
智能不止步

"当我们谦卑的时候,便是我们最接近伟大的时候"
此刻,《生命智能课程直击》呈现在你面前……

顾晓英

2020年2月于上海

目 录

上篇　课程设计与研究

"打开脑洞"创造"金课"
　　——以上海大学"人工智能"系列通识课程为例 ………… 顾晓英　3

下篇　课程教学与反馈

2018—2019 学年春季学期

一、生命永续，AI 能让人梦想成真吗？ ……………………………… 11
二、治未病，人工智能如何倾听身体声音？ …………………………… 30
三、对症试药，机器人也需"尝百草"？ ……………………………… 48
四、遥控手术，人可以让机器来修理吗？ ……………………………… 68
五、器官置换，人也可以型号升级？ …………………………………… 89
六、衰而不老，AI 如何提高生命质量？ ……………………………… 107
七、效率优势，人工智能能否促进医疗公平？ ………………………… 125
八、生命特权，人工智能会分裂人类吗？ ……………………………… 139
九、追求完美，科学干预有上下限吗？ ………………………………… 156
十、道法自然，永生能与痛苦相随吗？ ………………………………… 172

附录 课程成果与推广

附录一　课程安排 ………………………………………… 191

附录二　金句集萃 ………………………………………… 201

附录三　核心团队 ………………………………………… 205

附录四　教师风采 ………………………………………… 206

附录五　媒体报道 ………………………………………… 213

附录六　在线课程 ………………………………………… 224

附录七　教研项目 ………………………………………… 226

后记 ………………………………………………………… 227

上篇

课程设计与研究

"打开脑洞"创造"金课"
——以上海大学"人工智能"系列通识课程为例

顾晓英

2019年3月,习近平总书记主持召开学校思想政治理论课教师座谈会并发表重要讲话,为如何办好新时代思政课、做好新时代学校思想政治工作、培养担当民族复兴大任的时代新人提供了重要遵循。习近平总书记强调思想政治理论课是落实立德树人根本任务的关键课程;要坚持显性教育和隐性教育相统一,挖掘其他课程和教学方式中蕴含的思想政治教育资源,实现全员全程全方位育人;要完善课程体系,解决好各类课程和思政课相互配合的问题。2014年以来,上海大学率先开设"大国方略"系列课程,引领学生在"国家发展和个人前途的交汇点上"思考未来,规划人生。2018年,教学团队首家开设"育才大工科"之"人工智能"系列课程。5年来,150名教授,11门新课(6门已上线),9部著作……无论是"不是思政课的思政课"还是育才大工科系列课程,都不断推动学生"打开脑洞",在全方位培养担当民族复兴大任的时代新人方面作出了创新探索。

一、铸魂育人:"大国方略"系列课程培养大学生政治认同和文化自信

长期以来,一些高校的思政课有意义但没意思,学生出勤率和抬头率不高。办好中国特色社会主义教育,落实立德树人根本任务,培养担当民族复兴大任的时代新人,就是要理直气壮地开好思政课。自2011级开始,上海大学全面推行以按大类招生和通识教育培养为突破口的本科教育教学改革,建构了较为完善的通识教育课程体系。在改进和加强思政课的同时,学校采用本校曾获国家级教学成果奖的"项链模式"教学法,打造一组思政类通识选修课——"大国方略"系列课程。

（一）打开格局,把握大势:"大国方略"

从2014年冬季学期至今,上海大学以高度的政治敏感,积极对接国家战略,率先推出"大国方略"通选课,被称为上海"中国系列"课程的发祥地。"大国方略"已连续开设14个学期,学生一座难求。教学团队"善于从政治上看问题","把理论融入故事,用故事讲清道理,以道理赢得认同",引导学生立足当代中国的历史性实践和所处的国际方位,深刻认识中国道路的历史价值,用习近平新时代中国特色社会主义思想铸魂育人,引导大学生增强中国特色社会主义道路自信、理论自信、制度自信、文化自信,鼓励大学生自觉融入坚持和发展中国特色社会主义事业、建设社会主义现代化强国、实现中华民族伟大复兴的奋斗之中。

（二）创新发展,报效中国:"创新中国"

2015年冬季学期,上海大学推出新课"创新中国",它以学校强势学科为依托,吸引相关学科资深教授自愿参加。"创新中国"引领学生站在世界看中国,思考"世界等待着什么、国家需要什么、上海承担什么、上大能做什么、上大学生可以学什么"等几大问题。无人艇、机器人、大数据、生命技术、建筑、石墨烯、环境、通信、知识产权、金融、美术影视等多学科教授来到课堂,他们除了带来专业知识,更注重揭示知识背后的创新思想。"创新中国"尔雅在线课程已在全国千所高校推广共享,约20万名大学生选修。2017年,课程获评首批"国家精品在线开放课程"。

（三）分享感悟,激情追梦:"创业人生"

2016年初,国务院陆续出台了一系列推进"大众创业、万众创新"的支持政策和举措,这是实施创新驱动发展战略的重要支撑。学校有责任把创新创业教育融入人才培养全过程。2016年冬季学期,上海大学开设"创业人生"系列课程,从"今天为什么大家都在谈创业？学校为什么开展创业教育？国家为什么鼓励创业？全世界为什么创业成风?"等层面展开。课程团队每周邀请企业创始人分享创业过程和人生感悟,为学生搭建学习、探讨和思考的产学研结合平台。

（四）解码文化,触摸历史:"时代音画"

"思政课要让学生入耳、入脑、入心,必须要有画面感,要眼前更亮,耳边更动听。""时代音画"课程策划顾骏教授认为,追溯艺术的历史,无论是东方还是西方,艺术最早都是用于对人的教化。2017年春季学期,学校推出"时代音画"课程,汇聚音乐、美术等学科师资,以时代为内容线索,将音乐与视觉艺术相结合,引领大学生读懂中国,感受音乐美的同时更加直观地感受到时代的特征,增强学生的民族自信与文化自信。

(五)探寻谜底,提高自信:"经国济民"

2017年3月,"经国济民"开课,它注重发掘中国传统经济思想的内在智慧,选择"国民关系"作为解读当代中国发展策略的主线,展示历史上中国通过制度安排,激发个人活力,实现经济繁荣的思路和做法,扩展学生对中国固有的经济思想和经济思维的感受和认知,提高文化自信。"经国济民"课程努力实现中国经济发展经验进课堂、中国传统经济思维和思想进课堂、中国经济学话语进课堂,从中国的历史传承和文化视角解读中国之谜,帮助大学生形成中国学科话语意识。

二、担当大任:"人工智能"系列课程培养大学生想象力和创造力

如何把爱国情、强国志、报国行自觉融入坚持和发展中国特色社会主义事业、建设社会主义现代化强国、实现中华民族伟大复兴的奋斗之中?如何培养能够担当民族复兴大任的时代新人?2018年春季学期,上海大学主动对接国家战略,呼应《新一代人工智能发展规划》要求,落实教育部新工科建设和《高等学校人工智能创新行动计划》要求,首开"人工智能"通识课,让更多强势学科专业的教授乐于参与课程思政工作。学校开发"智能文明""人文智能""智能法理"和"生命智能"等课程,形成育才大工科之"人工智能"系列课程。

(一)目标牵引:借通识课平台培养复合型人才

从目标定位看,"人工智能"系列课程重在学科融通。人工智能研究是中国实现弯道超车的一个非常重要的机遇。人工智能时代"培养什么人",如何做好价值观的传承?如何培养拥有中华优秀传统思想文化、有能力与世界建立广泛联系、具有世界眼光的中国人?青年人走入社会后如何承担起社会责任、在历史的发展坐标中找准定位、让人工智能创造社会福祉?这些问题对于面向未来的高校人工智能教育来说迫在眉睫。上海大学以"人工智能"系列通识课程为平台,引入新一代人工智能基础理论和核心关键技术等方面的知识,打通文、理、社科和艺术等学科,给予大学生创新思想滋养,引导学生放飞想象、超前考量深层次问题,服务"大工科"建设,为国家培育具有创造力的复合型人才。

从教学内容看,"人工智能"系列课程内容设计内蕴思政要素。"人工智能"讨论"中国机器人何时成为机器中国人","智能文明"讨论"机器推

送下如何构建个人的世界","人文智能"讨论"意象言,汉字的解空间有多大","智能法理"讨论"机器创造的知识产权归谁","生命智能"讨论"效率优势,人工智能能促进医疗公平吗"等一系列重要问题。系列课程旨在让选修该课程的学生学会站在世界看中国,既想象了新一代人工智能,又传播了优秀传统文化,让大学生不仅看到智能技术的"术",更悟出技术背后文化的"道"。

从考核要求看,"人工智能"系列课程不重知识重体悟。围绕培养时代新人,系列课程的考试题目永远聚焦国家和"我",要求学生打开脑洞,放飞梦想,知行合一,把个人的发展和国家民族的前途命运紧密相连,把个人的理想与国家梦想融为一体。

(二) 思想激发:用跳出知识的意义引导学生思维

通识教育是关于人生活的各个领域知识和所有学科准确的一般性知识的教育,兼具思想性和理论性。它破除传统学科领域的壁垒,贯通中西、融汇古今,帮助学生建构知识关联;它有利于学生拥有国际视野,通晓他国和中国历史人文与最新科技;它更注重开拓大学生思维,让多学科思维整合到具体问题的处理中。

人工智能汇集了诸多学科,新开系列课归属在通识教育课程体系内,一是超出理工科专业领域,让全校所有专业学生都有机会选修,都有可能从不同视角了解人工智能场景研究、应用开发和伦理法律等;二是人工智能领域的学术研究与技术含量极高,而作为通识课,修读对象可以是零基础学生,课程不必强调概念、原理等知识点的获得,而是着眼于挖掘隐身在其背后的思想,启迪学生跳出知识,找寻背后道理,给善于异想天开的学生留有余地,给不同专业不同起点的学生留有各种不同的发展空间;三是引导学生回应人类对重大技术发展及其带来挑战的关切,启发学生正面看待智能技术的发展,增强学生迎接未来职场挑战的能力;四是顺应国家战略,着力培养学生成为智能时代能够摒弃人类傲慢、能够深层次理解机器智能、能够明晰自己成长方向的有格局有担当的人才;五是深入挖掘影响人类智能的文化因素,从中西不同的思维方式切入,厘清差异,寻找共性,激发学生立下报国志,为未来机器中国人的开发而奋斗。

课程设计既对接国家战略又考虑学生成长需求,容易入耳入脑入心。"人工智能"课程班学生反馈道:"课程更多地定位于'引发思考',这一理念已经包含了一些为应对未来人工智能时代所带给人类的挑战做好准备的意味。""令我印象最为深刻的是老师提到的中国传统思维对于人工智能的产生、现状尤其是今后的发展来说意味着什么。"

(三)名师担纲:用精湛研究颠覆学生认知

一是开设课程激发学生立志成为担当民族复兴大任的时代新人。未来的时代是人工智能的时代。国家实力的增强和国际竞争力的提升越来越倚重原创思想和核心技术的产出,这就需要真正深入掌握现代科技知识和文明成果,赢得国际竞争主动权。上海大学通过开设智能系列通选课,形成多学科门类的交叉渗透,激励学生拥有远大志向。

二是启迪学生的名师必须拥有扎实本领。知名学者是大学的宝贵财富,对学生成才具有无法估量的作用。系列课程团队依托本校诸多学科优势,由数十位教授组成,包括策划人著名社会学者顾骏教授,还有英国皇家工程院院士、国家杰青和优青、"万人计划"领军人才、"千人计划"专家等。他们分别来自计算机、通信、生命科学等理工学科,还有社会、美术、文学、法学、经管和新闻学科等人文社科领域,大家各有专长,却又在同一堂课内思想交互,深受学生喜爱。

三是以训练见证学生的认知成长。教授们善于在历史和国际比较中凸显中国的特色和优势,用言传身教讲好中国故事,培养勇于思考人工智能前沿问题的习惯。如"人文智能"课程旨在用人文哲学思考,对照西方知识的语境,讲述中国式道理,在现代学科的框架中,呈现传统思维的生命力。有的学生说:"中华文化传统有魅力,中国式思维变幻莫测,这门课带给我新奇体验。""人工智能"第一课"图灵到底灵不灵"开课后,有的学生说:"创新、质疑、思考,这个话题一下子让我的脑洞大开。"

(四)文理交融:用学科整合给学生思考索引

一是用"项链"串联师师和师生互动。系列课程采取上海大学首创的"项链模式"教学,由课程策划人、社会学院教授顾骏主持并主讲,每个专题由两名及以上不同学科背景的教授协同主讲。课堂犹如一出多幕剧,各个部分既相对独立,又有机地衔接在一起。不同学科教师们产生学术交流与观点交锋,给学生预留讨论空间。

二是用整体思维整合文理学科。在尊重智能技术的前提下,策划人兼主讲教授用社会学视野有效整合"硬科学""软科学"和人文学科,在"人工智能"系列课程中,形成人工智能与专家所在学科相互渗透。

三是用学科交融导引所有学生。拓宽专业学生对理工与人文学科等不同学科的认知,有助于激发学生对新一代人工智能的发展产生想象,打牢人工智能教育的理论基础,形成学科融合的立体效应;让人文社科类学生理解人工智能,关注是什么影响了智能技术,智能技术又影响了社会什么,使其知晓使命,勇于担当。

(五)在线开发:共享交互给学生积极体验

一是采用直播,给学生智能教育新体验。《新一代人工智能发展规划》强调:"利用智能技术加快推动人才培养模式、教学方法改革,构建包含智能学习、交互式学习的新型教育体系。"课程团队充分研究受众偏好,为学生提供更多更精准的个性化体验。"人工智能"首轮开课,团队即运行直播课三次,其中一次,当天观看直播 16 866 人次,学习通 8 000 人次、微信等平台 8 866 人次。

二是制作慕课,在线传播惠及更多受众。学校同步打造人工智能系列在线开放课程,通过平台在本校开展混合式教学探索,让数百所高校的选课学生共享资源,实现课堂教学空间的拓展,带领更多大学生开启脑洞。

(六)效果考核:转知识性测评为提升学生创新思想和方法

一是口号标题,构建课堂教学新生态。不同于"大国方略"系列采取 logo 设计传达课程理念,"人工智能"系列课程口号出现在每次课前的屏幕上,如"人工智能"采用"你的脑洞够大,能装得下这门课吗","人文智能"采用"发文化之根,结科技之果"……每次课程的专题全部是问题,督促学生看到问题、发现问题,思考智能时代到来中国面临的诸多问题,尝试习得解决问题的本领。

二是多元评价,鼓励学生知行合一。系列课程要求学生阅读与智能相关的前沿著作,或旁听智能相关的前沿科学讲座,写出收获……每次课后完成"收获及思考"微信反馈。教师从学生所提的较为普遍性的问题中择其一二,分析指正。学生从教授们环环相扣、层层递进的问答中获得思维拓展和见解更新。有学生表示:"从一次次传统的认知被颠覆,到一次次从不同老师的阐述与介绍中收获,这是一个奇妙的过程。"系列课程期末采取非标考试,把学生从死记硬背的知识点测试中解放出来,重点考查学生迎战人工智能的分析思辨能力、创新思想和思考方法。

(本文原载《思想政治工作研究》2019 年第 5 期)

下篇

课程教学与反馈

2018—2019 学年春季学期

一、生命永续，AI 能让人梦想成真吗？

时间：2019 年 3 月 25 日晚 6 点
地点：上海大学宝山校区 J201
教师：顾　骏（上海大学社会学院教授）
　　　肖俊杰（上海大学生命科学学院教授，国家优青）

教 师 说[①]

课程导入：

谷歌首席未来学家雷·库兹韦尔预言，人类将在 2045 年实现永生。你相信这个预言吗？生命永续只是一个技术问题吗？如果人工智能真的能让人永生，你愿意做第一个吗？人类永生可能吗？"生命智能"不仅是关于人工智能如何助推生命永续的课程，还是如何认识生命本身的课程。我们研究的不是小白鼠的生命，而是人类的生命。

学 生 说[②]

16121037

永生，的确是个极有意思的话题。在听了两位老师的讲授以后，我发现之前自己对永生的理解有些狭窄了。永生不仅仅是一个生物学的话

[①]　"教师说"源自上海大学 2018—2019 学年春季学期"生命智能"课程随堂速记。以下同。
[②]　"学生说"源自上海大学 2018—2019 学年春季学期"生命智能"课程班学生微信群。以下同。

题,更是一个哲学、社会学话题。顾老师所讲的关于血脉传承和立功立言的观点给予我一个全新的视角。一方面,我作为一个理工科的学生,对能否永生充满期待,因为这意味着大突破,死亡正式退出历史的舞台。有人说我们只是基因的容器,基因进化的需要导致生物无法实现永生。但是,在新一轮的科技革命浪潮下,特别是计算机与生物学科的深度融合,一旦人完全破解了生命的奥秘,我们应该可以完全主动地调整和控制进化,摆脱偶然,实现永生。另一方面,我又对永生持悲观态度,这种悲观体现在永生是否有意义的话题上。生命所做的一切就是为不消失而存在,一旦达成永生,目的亦就达成,那生命的意义又何在呢?有限的生命"迫使"我们在有限的时间内做有限的事,或留下光辉一笔,或留下些许遗憾,这不就是意义的体现吗?永生本就不是一个简单的是非能否的问题,其牵扯到人类社会的方方面面,复杂性不言而喻。我只是一个平凡的人,人生的意义我还弄不明白,又该如何去真正弄清楚永生的意义呢?

16121395

一直以来,我认为人类只是自从地球诞生以来到现在为止最为智慧和高等的一种生命形式,虽然是最特别的但依然无法跳脱生命的范畴,在整个生命进化阶段,永生是不可能实现或总有一天会被其他更高等的生命形式取代。学习了今天的课程,我才理解到所有生命其实在基因层面都是永续的,人类也是如此。不过人类拥有自我意识并且在追求一种与世界能够持续交互的永生。我不否认在不远的将来人类可以在人工智能的帮助下完成技术层面的永生,但这样是否某种程度上阻遏了人类或者生命的进化,或者说只有在生老病死、适者生存这一自然法则下,生命才能表现出最合适这个世界的形式。总的来说,这绝不仅仅是一个技术问题,它依然涉及环境伦理乃至人类生存的基本问题,这一切需要讨论和研究。

16121439

第一节课,老师先带我们从感性认知的角度,用人文视角领略了生命智能的含义,讲到了基因意义上实现的所谓永生。我想到了英国行为生态学家道金斯的一本书——《自私的基因》。这本书认为,基因是存在于一切形式生命中的复制实体。基因不像云或者尘暴,是那种不稳定的临时聚合/联合体,它能以拷贝的形式存在一亿年。为什么能做到?因为我们每个生物个体都只是基因为自己创造的"生存机器"或"运载工具"而已。我们是作为基因机器而被建造的。这与老师的观点不谋而合,它也带给我对于人生与生命更加深层次的思考。我不但要考虑到人作为个体物理意义上的存续与永生,还要考虑到人作为宗族中的个体,乃至于整个人类中的个体,关系着整个族群的存续与传承。

16121862

  第一课,顾老师从哲学的角度将人的永生分为许多方面:从宏观上看,有人类种族意义上的延续;从微观来看,有针对某一个体的延续。在个体延续中,我将顾老师的想法总结为个人意识上的延续(精神延续:立德、立功和立言)和人肉体上的延续(真正意义上的长生不老)。但我认为后者即人类肉体上的延续是不符合自然规律的。在薛定谔所著的《生命是什么》中提出了人类生命体负熵的概念。人类维持生命就必须从外界事物和环境中吸取负熵以维持自己机体的有序状态,但当达到最大熵值时,生命体就会死亡。不仅如此,肖老师也提到细胞衰亡的现象是不可逆转的,所以人类肉体的延续是不现实的。从社会层面来看,如果人类能够永生,人口只增不减,那整个地球也会面临崩塌和灭亡。可见,对于人类永生的理解不同,得出的结论也各不相同。我认为人类个体的延续只可能是个体精神上的延续(即立德、立功和立言)。而宏观上人类种族的延续,则是不会改变的。现今人工智能只能够辅助人类起到延缓衰老死亡的作用,尽可能地延长寿命,通过人工智能的各种手段,比如人工智能的预筛提前预测疾病的发生、提早干预和治疗、通过更换人工器官维持人机体的正常运作、通过人工智能制药等延长人类生命。今晚,我明白了可以从多个角度来考虑问题。

16121899

  这堂课结合了哲学和生物来探讨人类的终极疑问——生命。顾老师与肖老师带来的思维碰撞充满了信息量,带给我们多方面多角度的思考。就目前的生物技术而言,想要使人类达到永生还是一个遥不可及的梦想。学术界对于人类衰老原因的认识仍存在着广泛的分歧,端粒学说、自由基学说、神经内分泌学说、基因调控学说、DNA损伤修复学说等等,都没有成为广泛一致的共识。目前的生物水平连衰老机制都无法弄清,实现永生又从何谈起呢?所以我觉得谷歌首席未来预测师雷·库兹韦尔对于人类将在2045年完成永生的预测并不能站住脚跟,他的理论依据是人类在非生物智能技术上的进步,而没有顾及生物理论目前的瓶颈。这仅能说是预言,而不能说是预测。而在哲学方面的思辨,我也不赞成永生的实现。人生的重要价值之一就是对于时间的追逐,一旦生命变得漫无止境,人类的一切动机都会被打乱,似乎是自我毁灭的开端。个体永生的意义到底是什么呢？是为了无尽的享乐还是不懈地为社会付出？当人类真正获得永生,他在永生前的追求都被满足,等待着他的只有无尽的空虚与孤独。抛开永生的意义不谈,实现永生的代价也不是目前人类社会文明能承担得起的,永生者的感情需求、人口的无止境膨胀、社会阶层的重新划分……人类制度势必在永生时代推倒重建,那时的新世界会怎样呢？永生的确是一个萦绕在人类脑海中的大问题。将永生的技术应用到医疗层面,把握好伦理的尺度,似乎是一个更有实际价值的命题。

16121976

"人类的永生"这个概念之前在我的印象中一直是神话故事里的幻想,我从来没有仔细思考过这个问题。这节课上顾老师通过一个未来学家对于人类永生的预言,引出对于"人类永生"带来的一系列问题的深入思考,让我学到了很多。人类永生需要附加什么条件？如果只让你一个人永生你愿意吗？一系列问题让我认识到看问题要考虑全面。同学们的发言也让我深受启发。我认为只要我实现了自身期望达到的价值,奉献了自己,我就可以安心离去。我并不渴望肉体上的永生,因为碌碌无为地活着就是对我的折磨,我希望自己能有价值然后不留遗憾地离开。课上另一个比较有趣的是人死后墓碑上刻的东西。我找了找发现许多名人的墓志铭令人感动。比如马克·吐温的"他观察着世态的变化,但讲述的却是人间的真理"。我觉得像这样,人不用追求永生,他留下来的精神就是永生。第一节课就让我思考了很多,我更期待后面的课程了。

16121982

清明节将至,离上一次回乡下扫墓已经过了很久。记得在高中的时候,我还和家里人一起回乡下折锡箔。听了这堂课后,我决定今年清明节和家里人一起回乡扫墓。清明节是中华民族最隆重盛大的祭祖大节,属于礼敬祖先、弘扬孝道、慎终追远的一种文化传统节日。清明节凝聚着民族精神,传承了中华文明的祭祀文化,抒发人们尊祖敬宗、继志述事的道德情怀。课堂上顾老师把清明节总结为感恩节,我非常同意。顾老师还谈到了墓碑文化。红色的姓,黑色的名,代表着一种折中的永生。黑色的名代表了个人已经死去,而红色的姓表示这个家族依旧在传承着。总之,精神文化的传承让人类实现了永生。

16121984

作为"大国方略"系列课程,照例由"双顾"老师为我们开场。顾骏老师从哲学的角度问我们：永生可能吗？是否渴望永生？如果可以永生有什么附加条件？结合中国传统文化，他阐释了人们在对死亡的未知与对长生的无法实现之间选择的两种方式，即从个人到家族传承的延续，或是做出成就留在世上。来自生命科学学院的肖俊杰教授从生命科学的角度为我们讲解了生命如何延续，在生命延续的过程中我们应该坚守哪些底线。我很期待接下来的课程。

16122317

上课时我们在讨论永生，但是反过来想也是在讨论死亡。我们可以把自己的生命看成是永生生命的一部分，那么死亡和永生也没什么区别了。有人说世界上最公平的事，就是死亡。每个人都会离开这个世界。对现代医学来说，有时候抢救不过是在和死神赛跑，迟早还是会走到终点。人们能做的，只是在尽力推迟走到终点的时间。死亡并不可怕，永生也并不美好。

16123042

永恒？永生？科技与人？"生命智能"第一课，让我特别感兴趣。永生？如果所有人都永生了，地球能承受吗？伦理道德，又会出现怎么样的问题？太多的疑问需要去解答。

16123078

之前一直认为永生离我们非常遥远，往往只能在小说中看到。当老师提出未来学家的预言"人类将在2045年实现永生"时，我非常震惊且不相信。当老师说到每过一年寿命可以延长一年时，我开始感觉技术上人类是有可能实现的，就像那些仅仅存在于幻想中的事情一步步走向现实，比如虚拟现实技术，人类的可能性是无限的。但是我思考的是人类永生后的问题：人类应该以什么样的形式永生？身体机能是否会下降？如果因为永生的普遍存在导致人口暴增，是否会引发一系列的社会问题？过度长的寿命真的对人类是完全有益的吗？顾老师从人文角度对永生的解读非常有意思，永生不只是个体意义上意识的永生。这是我之前一直没有意识到的。

17120165

课上谈及：如果能有永生的方式，你是否愿意永生？以我的观点，我不愿意选择个体意义上的永生。死亡是生命的终点，也是生命循环中不可或缺的一部分。许多时候失去才能让人意识到宝贵，生命也是一样。生老病死，疾病缩短了人的寿命，让人感受到痛苦，才能让人意识到身体健康的宝贵；死亡，让人能够珍惜人一生有限的时间，在有限的时间内尽可能做更多有意义的事。我认为"无后为大"的"后"应该翻译为尽后代的责任而不是有后代。

17120204

"生命智能"第一节课，听顾老师聊了很多有关永生的内容。我从中了解到了中华民族对于死亡的理解。遗憾的是由于课时有限，我尚没有听到老师给我们比较中国文化与西方文化在面对死亡时态度的异同。我曾经思考过死亡对于人类个体的意义，我认为，人死不会复生，因此活着的时光才会变得有意义。若是真的有一天，人能够永生了，那么人们会不会转而追求永眠呢？这门课讨论的话题非常广泛，课堂氛围非常活跃。这使我有兴趣和动力去参与之后的每一堂课。

17120207

刚开始我以为这一课会比较偏理工，老师的讲解则让我了解到，生命永续不仅是普通的技术问题，还是一个人文问题，一个社会问题。老师对于生命永续的描述，让我了解到生命的延续也是生命永续的一种方式。期待下一节课。

17121463

第一堂"生命智能"课，感慨于顾骏和肖俊杰老师的博学，一个是社会学大家，一个是心脏医学大家，都在各自的领域干出了斐然的成绩。生命可以永续吗？生命永续后需要哪些社会条件呢？顾骏老师从一个一个问题假想开始，带领我们去思考一些宏大、有趣、从前从未想过的问题。假如生命可以永恒，你愿意吗？永恒后，我们又会渴望哪些？健康？财富？自由？生命的延续不只是科技的问题，更是一个深刻的社会、伦理问题。技术可以解决很多问题，但仍有更多的问题，技术无能为力。顾骏老师讲了中国清明节不是"鬼节"。墓碑的姓和名，也分不同颜色的书写。生命延续，从物种角度来看，一直都在发生着。但人们个人意识觉醒后，开始渴求个体的长寿。从宏观到个体，思路由开阔到具体，缕清那些和生命相关的问题。立德、立言、立功，这是中华文化提倡的。而肖俊杰老师，则从科技着手，带领我们了解生物的发展越来越精细化——从血液到解剖到细胞和基因的深入研究。心力衰竭是一个当前正在攻克的难题，人体的某些器官可以人工制造，但心脏还办不到。科技给了我们想象的勇气，而文化则给予我们想象的人性化。生命智能，需要我们拥有更多的思考。而这，正是老师带领我们在做的事情。

17121487

曾经我选过"创新中国"课,从顾晓英老师的课上多次听到了顾骏教授的名字,一直希望能够有机会听顾教授的课,"生命智能"给了我最大的惊喜。作为生命科学学院的学生,我没想到"生命智能"在顾教授那里能扩展出这么多的东西。课程语录"关注人类命运,融通生命智慧"就已经深深打动了我。

17121534

就人类永生问题而言,我认为即使科学上解决了这个问题,但作为具有智慧的人类,我们还应该遵从自然规则。医学的进步只是辅助人类生存,帮助人们尽可能多地解决疾病问题,延长寿命,但不等同于给予一个人无穷的寿命。无论是从伦理、从资源分配或者永生后的生活状态,这都不是好事。

17121695

古今中外,永生一直是人类追求的美好幻想。它虽然不可及,但不能阻止人类不断追求。在追求的路上我们并不是一无所获,我们促进了医学解剖学等学科的发生与发展,我们发明了火药,我们在历史上留下了不朽的著作……形成了各种各样独特的文化习俗和文明。我们有理想,才有目标。不断地完成小目标,人类才有可能让美好的愿望成为现实。

17122093

"关注人类命运,融通生命智慧"这一主题将会贯通整个学期。作为第一节课,主要在关注永生这一话题,我比较关注的是:难道只要永生就好了吗?我不是很同意课堂上同学的观点。我觉得除去感情并不是一个解决办法,没有感情的永生像是行尸走肉。在亲友做不到永生的情况下,人在经历生离死别时是痛苦的,这个时候亲友就成为永生的一个门槛。

17122116

关于生命永续的定义,我觉得可以有两种理解:从物质上可以说是身体的生理行为不停止,就是躯体保持活性而活着;但更重要的是,人的意识要"活着",也就是从精神层面出发的考虑。人死去,物质和能量是不会消失的,这具躯体停止生命活动之后,被分解、消散,回到分子原子的形态,存在于水中、空气中、土壤中,以另一种元素形态存在着,然后某天又会被吸收,组成新的生命。物质是不会消亡的,但死后人的意识就消亡了,也许他在世上仍留有一些精神宝藏,可是他的意识却与世界无关了。我认为精神永续更加重要,也就是觉得生命永续,"续"的应该是人的意

志、思维、想法。那么不论人工智能或者人造器官之类的技术进步到什么程度，如果不能拥有或者保持人类的意识，就不能够进步（即使能够进步也不能像人类一样学习），就不会有超越人类的一天。但我想我们不能断言人造的智慧是不会出现的，也不能断言那是人类的灾难或者幸事。未来实在是充满了太多可能性，只是我认为人类一定能一一解决技术、伦理、资源等问题，人类进步的历史就是不断地给自己提出问题并解决问题，而至少到今天虽然磕磕绊绊却仍顺利。

17122247

第一周，老师就抛出问题："为什么是你们应该点我的名?"学习本来就该是学生主动的。顾骏老师从生命延续的可行性以及各种可能的永续方案以及我们应该面对解决的问题着手，引入了许多我以前从未想过的问题。我曾阅读过《病者生存》以及《智能的本质》，从而引发了自己对于癌细胞和合成人等的思考。从本质上说，人类是在"汤"里诞生的产物；而人工智能是从"铁"里诞生的产物。我曾一度认为人类最后的发展是从有机肉体脱离变成合成人从而得到属于人的永生。但是今天的课却给了我全新的角度，先不提技术问题，哪怕实现了，永生是真的终点吗？永生真的是人类需求的吗？而人类实现了永生的话，阶级问题、资源问题、伦理问题，这都是以人类现在的思维方式难以考虑的。我虽心怀期待，但正如同课上所说的，我不能以现在的思维去思考未来的事情，就像是以前的人们无法想象触屏手机的存在。我相信，终有一天，可自主学习的人工智能将出现，而那时候，会如同雷·库兹韦尔的预言，但是不仅仅是那样的预言，更是因为人类的思维，人类的大脑在那时候形成了更强大的模式。如同老师最后回答我的问题一样，人类的大脑是不同的。我依旧要反驳一句老师的观点，我们并不能因为现在的人工智能的大脑是一样的，就认为他们在未来也都是一样的。确实，人工智能的算法、思维模式都是我们给的。但是，他们不正如同我们的孩子吗？我们是他们的父母，他们是我们的孩子，甚至，他们可能是我们未来的存在方式，是一个新的物种——无机人。也许有一天他们会拥有自己的想法并且超越人类。但那时，我依旧坚持，人类不会被征服，只会不断地进步，每一个人都会得到属于自己的永生。

17122303

"关注人类命运，融通生命智慧"的课程口号一出现，就奠定了"生命智能"课程的总基调。第一课就开始从人类从生命角度谈论永生问题，一切都基于人类的未来去探讨。生命的逝去是必然的，但永生不仅仅代表生命的永久存活。生死是自然规律，在有限的条件下创造无限的可能性是我们未来发展的方向，这也是顾老师谈及"三不朽"之道理所在。顾老师提到老师与学生之间点名交换问题，老师给出的答案是有些事需要我们主动，才能促进想象力的相互碰撞。永生在健康、富裕等方面的要求其实比生物意义上的更为困难。

17122307

我有幸在冬季学期选修了"人文智能"课程，相较于"人文智能"的哲学思辨和中国文化，"生命智能"更加偏向于生物知识和哲学思辨的结合。两位不同学院老师的讲解带来了不同的思维体验。顾老师提到清明节是个感恩祖先的节日，我深有体会。清明节是给我们机会祭奠那些我们生前无法报恩的人，那些寺庙祠堂就是用来纪念那些对我们后世有贡献的人，这引起了我的共鸣。顾老师在第九个问题中提到：是否解决了健康、富裕等问题后，人类才能永生？那人类永生还有可能吗？我想这不可能。如今南北差距日益拉大，谈及人人富裕、人人健康何其困难？只有南北合作才能解决当今社会的问题。出于国家利益权衡，这种可能性微乎其微。再假如人人健康、人人富裕，全人类都达到幸福，人类是否还会渴求永生呢？人类永生后人类这个物种是否还能称之为人类？对地球这个载体又有什么影响呢？如果突破那个固有的奇点，地球是否会崩溃？这都是我们不可知的。许多影视作品对"永生"话题进行讨论。我认为永生对于地球和人类来说是一种灾难，破坏了自然规律，这必将招致灾难。顾老师也提到了昆虫完成延续物种的任务后就死去的事实，这是不是我们可以向自然界融通的生命智慧呢？

17122905

有幸选进"生命智能"。第一节课，顾老师和肖老师从文与理两方面对"永生"话题作出讨论。作为理科生，我对顾教授所说的"永生"不仅是科学问题，更是伦理社会问题这一观点产生了浓厚的兴趣。在我看来，如果真的能实现永生，那么势必会带来很多伦理问题，世界上的人口只增不减，资源的匮乏，届时法律也可能会规定政策限制永生，会给社会带来很多困扰。人工智能发展十分迅速，我们需要不断学习，未来在这方面作出自己的贡献。

17122906

生命永续？人类真的能够永生吗？这一问题不仅涉及医学，更是一个伦理道德问题。假如所有人都能避免死亡的宿命，目前人口过多和不平等的问题就会进一步恶化,但我相信生命的最高状态并非如此,而是一种精神甚至能量状态的生命,这也许会成为生命科学技术发展的另一个重要方向。

17123183

人类对生命的探寻的确是一件有趣的事情。人生活在这个世界上或许每时每刻都在问自己存在的意义——无论是哲学家还是普通人。因为人类生命的存在早就不再是为了饱食冷暖,对精神永恒的追求越来越进入这个时代的人们的内心。现在的时代充分强调了个人对生命的导向,当一个人体会到自己对于这个世界的兴趣以及自己存在的价值之后,就会更加追求健康,追求个体生命和个人价值的延续;相反,没有体会到在这样的社会中的存在感的人们往往产生轻生的念头。与古时最大的不同或许就是高度发达的现代文明反而没能让人有更多的满足感,倒是多了很多心理问题。每个历史时期,不同个体对生命的理解不同,但对生命意义的探求却没停止过。单就我自己而言,我觉得永生所追求的目标,是找到自己生命的归属,而非永远没有终点的生命。可能有人觉得拥有无限的时间能够让生命最完美地演绎,但是当自己达到了目的之后,发现还有漫长而又漫长的未来,那样的空虚和恐慌也可能是前所未有的。相较而言,有始有终的生命会更加特别。

17123184

经过老师们一堂课的洗礼,我逐渐地走向了问题的大门。从社会因素、人类发展因素,从许多方面,都可以产生很多关于生命智能的思考。生命智能难道仅仅对我们所谓的永生有帮助?难道生命智能仅仅是帮助人类健康?我正处于急切需要人工智能解决人类的这些问题的时期,我的思维也仅局限于人工智能。希望"生命智能"可以在这些方面帮助我们。

17123988

在这节课上,顾老师与我们讨论了生命延续的可行性。老师问到底是伦理学方面还是从技术角度更加容易实现生命的永续。我觉得应该还是从技术层面。如果没有技术的支持,我们便没有达到永生的可能,便不用讨论除了技术方面的其他可能性。人类最宝贵的东西就是生命,为了最宝贵的东西而不断努力,这本身会带来很多的东西,有很多学科都是围绕生命展开的,比如神学、医学等等。生命永续是一条很漫长的道路,在最终的目标到来之前我们会通过很漫长的努力,最后实现也可能不是让所有人都享受到。有限的生命会更好地使人们产生对于生命的敬畏。我们会珍惜度过的时光，诗人们也会留下这种类型的诗歌。当生命没有了尽头，我们对生命的那份责任便丢失了，没有了生命也没有了死亡，这样对死亡的恐惧和生命的不负责便可以等同。珍惜生命，或许才是生命的意义。

17124476

生命能否延续？这是我们每个人都要关注的问题。自古以来所有的皇帝都想长生不老。随着科技的发展，永生问题的热度依旧不减。为什么人们一直要在永生这个方面纠结呢？人类有一定的寿命长短不好吗？只是永生，而失去了人应当有的情感与钱财，那么这个永生对于人们来说是悲痛的。

17124492

生命，这似乎是人们永恒的话题。自古人们便渴望永生，那么生命永续是自然现象吗？是的！物种都在源源不断地延续下去，为什么人们感觉不到永生的存在？因为我们都是单一的个体，每一个物种的个体经历繁衍后代，进入死亡，似乎是大自然最普遍的规律。运用科技的力量，可否推迟死亡的到来？换句话讲，可否延长人们的寿命呢？可以！随着医疗手段的提高，人们的平均寿命在延长，人工器官技术在不断被突破。在课上顾骏老师问：如果有一天人类实现了个体的永生，会出现什么问题？答案有很多。也许是伦理上，也许在资源利用上。但我相信，如果真的有这么一天到来，在种种问题的背后，我们一定会感叹科技力量的强大。生命背后隐藏了太多的学问。

18120403

今天的主题宏大而有深意。为何人类渴望永生？顾老师说是因为人类自我意识的觉醒——即使我们都曾是原始汤的一部分，人开始有了自己与他人界限的区分。如果延续的那些生物都不是我本身了，基因的传递有何意义？我想还有另一部分原因——便是活着的无意义感。我们如同加缪笔下的西西弗斯，不断重复着将石头推向大山的过程，却始终不知道这样做究竟能为自己、为这个世界带来些什么。于是现实的无意义将人类推入虚幻的来世以及血脉传承所带来的有意义。纵是洒脱如苏东坡，在聊以自慰时也逃不过这层意义。"自其变者而观之，则天地曾不能以一瞬；自其不变者而观之，则物与我皆无尽也。"难怪作者在《后赤壁赋》中呈现出"纠结"。"立德、立功、立言"便是少数理性之人摆脱来世的虚幻,立足当下去改变世界的体现。在我看来,这才是现阶段真正使生命长度永恒延续的最好方式。而至于家族传承,它是中国文化中的重中之重,已根深蒂固地烙印在我们的文化与社会之中。它可以是精华,也可以是糟粕,关键在于我们用怎样的方式去对待家族的观念。未来通过科技实现的生命永恒是人类当下的愿景,也是人类正在身体力行去实现的理想。终有一天我们"能实现"永生。但随之而来的道德、社会问题,约束着我们是否"要实现"永生。身处这个世界,我自知有时代局限性。但我猜想的是,第一次工业革命之前的人类似乎也在担心机器取代人类后的道德与社会问题吧?但工业时代还是到来了,一个个问题随之出现,但也被一一应对了。或许只有当这些问题真的来临之时,我们才知道,我们究竟要应对什么。

18120410

古人总是向往着永生。秦始皇终其一生都在寻求永生之道,他身处极誉之位,所求之物应有尽有,唯有永生他不能拥有,但只有永生才能将这份荣耀永久传承下去,因而他一直追寻。而今人对永生之道渴求吗?其实很多人并不愿意永生。或是无法忍受亲人的离去,或是找寻不到存在的意义,或是害怕漫长的孤独,或是其他。或多或少,我们会去思考我们是否可以承受这无尽的生命的重担。多年过去,沧海桑田,人类竟变得"杞人忧天"了。我们再也不能单纯地去追求永生而不去担心其后果了。也许科技发展得越快,人们越加小心翼翼,越有一步错满盘皆输的隐患。科技给我们带来了便利,我们却要变得诚惶诚恐,这何尝不是一种悲哀呢?先人云:工欲善其事,必先利其器。而今大多数人不愿意永生,因为我们没有赋予永生以利器,即附加条件。富裕,自由,健康,幸福,对社会有贡献等等,若人类都能拥有,谁又愿意死去呢?可要拥有这些条件,恐怕不会比身体上永生简单吧。身体永生是技术问题,对象是个人。而这些条件所要牵扯的东西实在太多了,各种关系错综复杂,大洋彼岸的一只蝴蝶扇动翅膀都能引起一场风暴,这些亟待解决的事情背后又有多少隐藏的蝴蝶效应呢?

18120416

生存还是死亡,这是个问题。自古以来,生死的问题就萦绕在人类之间。无疑,永生是很多人的愿望。同样,在永生诱人的表象之下,也藏着许多问题。如果真的能做到永生,人类真的会允许这种技术被大肆使用吗?即使技术允许人类永生可实现,在这之后又会出现社会、伦理、资源、情感……一系列问题。利弊权衡，多方争论，在我看来，人类的永生之路尚且遥远。今天是"生命智能"的第一次课程，顾老师和肖老师分别从人文和技术两个不同的角度对生命永续的话题展开讲解。两种不同类型的思维碰撞，引人思考。很多事情，不是技术上可以达到就可以做到；同样也有很多事情，不是技术上做不到，就完全不可行。

18120451

人，生前不知生，死后不知死。生命有生必有死，亘古不变，以致当我们开始想象永恒的生命时，竟至于不知所措。回到从前，我们都是懵懂小孩，我们对着万事万物都产生兴趣，天空、云朵、河流、石头、蝴蝶和花朵……我们如饥似渴地体味生命的美好。殊不知，死亡，这世间最大的恶意却在慢慢地向我们靠近。花开有谢时，草木秋凋零，望着地上散落的洁白花瓣，看到风将树叶慢慢从树枝吹落，又或是目睹身边那亲近的人儿离开人世，我们最终会领悟我们的生命都有消失的一天。那个瞬间，我们开始陷入被死亡支配的恐惧，如同将要被宰杀的牛羊。这个世界有什么能令所有人所有生命恐惧，那一定是死亡。但是人类的整个历史就是人与死亡斗争的历史，如果有一天人战胜了死亡，我无法想象人在那之后的意义。

18120462

在"生命智能"第一次课上，两位来自不同专业背景的教授分别从人文和科技两方面探讨了人类生命永续的话题。在此前，我对永生的理解仅停留在遐想的层面，更不敢在这种遐想上多作停留。当我第一次认认真真地去思考这个问题时，我感受到永生的背后藏着极其深邃的哲学思考。顾骏教授讲解的物种永生和家族永生引出对永生的理解。从初始的原始汤到如今物种丰富的地球，原始汤中的某段蛋白质在不断地复制过程中实现了其存在的永续，物种的繁衍确保了这种永续的进行。而我们的祖先们敏锐地察觉到了这样一种永续的存在，因此，衍生出了一套礼法伦理用以确保家族血脉不断，从而确保了一种比种族永续更加"小我"的永续，即家族永续。家族永续在一定程度上反映了人类有别于动物的人文情怀，但本质上仍比较原始，没有体现出人类文明独有的个体与世界独特的联系。随着自我意识的发展，人类对永续的追求开始偏向于个体意识的永续。从对死后世界的无端幻想到在世界的历史上留下痕迹的不懈努力，人类所追求的不再是保存自己的种族特性或是家族特性，而是希望保留下自身思维的独特性。"太上有立德，其次有立功，然后有立言"，"为天下立心,为生民立命,为往圣继绝学,为万世开太平",先贤们从中悟出的人生使命对于今人仍然充满了指导意义。然而,有了这些理解后,生命科学所追求的永续似乎与古人所追求的意志永续产生了矛盾。设想在未来的某个时刻,我们当真实现了全人类在生物学意义上的生命永续,那就意味着我们不再需要通过立德、立言、立功的方式来追求永续,也就是说我们失去了与世界产生联系的推动力,人类是否就会至此失去思维的活力,而只剩下庸碌而毫无意义的生命?这样的永续又是否比之前更具有进步意义?

18120468

人类一直期望能够永生,但是永生不仅仅是一个生物学问题,人们在追求永生的过程中创造了许多精神瑰宝,精神文明的传承才是真正的生命永续。今天的课堂上,顾老师问同学们如果能够永生,大家会提出哪些附加条件,大家提到了健康、富裕、情绪、自由、创造等等,这让我对生命有了更清晰的认知,永生是每个人都想要的,但是单纯的永生是没有人愿意得到的。永生带来的一系列问题,本身就比永生本身更加困难,更不用说像人人富裕和创造力枯竭这种即使永生没有实现也难以解决的问题。人类在追求永生的过程中其实早就意识到了生命的意义不在于长度,将永生作为一种美好的愿望可以,但是将其实现其实并不可行,也不现实。顾老师在课前提到"老师点学生的名"和"学生点老师的名"的问题我觉得很有趣。老师点学生的名是因为学生有可能缺课甚至旷课,这样的模式是被动的教育;而学生点老师的名意味着学生要学,有学习的主动性。在要我学和我要学之间,显然后者更佳。

18120484

以前我听过一次量子物理的讲座,每个物体都是由自身信息构成的。若是真的有一天,什么部位,器官坏了都可以替换,那么什么才算是人意识中的自己呢?个人倾向于物体也可以承载人的所有信息,以达到个体的永生。举例来说,人在未来可以活在一台电脑,或者一个数据库里。但若人类的大脑终有一天可以连上云端,那么我有一个比较科幻的想法即是人类最终会演变为一个整体即一个整体信息,一个大的数据库。这种想法的戏剧性在于由同一个细胞不断进化,分化出来的人类社会,最终归一。

18121075

老师一开始的永生预言吸引了我。到2045年,人类在技术上可以实现永生？这是个非常能吸引人眼球的话题。老师对永生背后的一系列发问让我最后意识到让生命永续不是简单的生物学或医学问题，而是事关人类命运、应该由所有人类共同参与决定的大议题。老师对生命延续的人文思考加深了我对生命的理解，生物学意义的永生和个人对世界影响的永存，哪一个更有意义是不言而喻的。"横渠四句"给出了人的生命意义的一个答案。这一课，文化底蕴真浓厚。

18121494

永生所求的是延续自己现有或是继续追求拥有的，古代君王求永生是为了延续自己所享有世俗权力，而现代人是否有必要去追求这个看似诱人的永恒的生命？科学家不断地追求科技进步，治愈人的疾病，使人们有足够宽裕的时间去享受有限的生活。有限的生命会推动人们去穷尽生命来体验生活，对于寿命极限来说，这世上事物相对无穷，但如果人们的寿命达到永恒，再多事物给予的体验激活也会被时间消磨。那么，如今人的一生追求是否就会被不断拖延？现在所谓的一生成就一件事给有追求的人带来的时间紧迫感与成就感是否也会被削弱？最终世界科技与文明的进步是否也会被无限寿命带来的惰性拖慢？当生命中一分一秒不再是最宝贵的，人类社会如今的框架与法律需要多久来适应改变？死亡本就不该是一件令人恐惧的事情，生老病死是人生的常态，不接受死亡而去追求永生又是否合理？

18121525

永生是否可能？假使永生了究竟是益处更多或是坏处更多？本节课老师们用独特的看法拓展了我对永生的看法。不断地交配繁殖传宗接代使得物种没有灭绝就是一种永生。然而对于人类而言，自我意识的觉醒使得永生不再是家族的传续，而希望是自己本身的不断生存。为了达成这一目标，古人已经做出了不懈的努力，正如四大发明之一的火药也是在追求永生的炼丹中被意外发现的。然而纵使我们作出了两千多年的努力，还是没能达到永生这一阶段。即使是当下的科技，想要完成一个人工心脏都是十分困难的工程，可知永生之难度。同样，假如真的可以获得永生，那么永生的意义是什么？个体的永生未免显得孤独，群体的永生使得社会不变又显得止步不前。对于永生的哲学思考尚不能停下，在科技不断进步的同时，思想也不能够停滞。即使肉体不能永生，我们的思想也可以永生。能够影响后世作出贡献，活在别人的认识中，代代相传，也是一种永生。

18121770

本次课程老师从人文和科学两个角度来阐述了"永生"这个课题。从"永生"出发,探讨了永生人可能面对的问题,例如健康、亲友和财富等方面的问题,让我产生了对生命意义的深广思考。我对自己的生命有了进一步的认识,思考了我国传统文化中姓氏的意义,拓宽了自身的人文知识。风格截然不同的肖俊杰老师讲述了现在生物技术的发展与人工智能的关系以及前沿的智能与科学的结合,让我了解了更为前沿的生物技术以及生物技术对人类寿命的贡献。人文与科技的结合使得这堂课生动丰满。

18122171

对于中国人来说,永生绝对不是一个陌生的话题。从古代秦始皇炼丹求药追求肉体上的长生不老,到地府转生等各种学说来追求精神上的永生,我们似乎对永生有某种执念。但在我看来,要真的实现永生,是近乎绝对不可能的事。从科学技术的角度来讲,以现在的科学水平去预测未来的发展速度本就是不合理的行为。况且科技进步带来的最大伦理问题一直没有定论。因此,无论从科学技术还是从伦理道德的角度来讲,永生都将是极难实现的。

18122445

在今晚 6 点之前,我完全没有思考过永生这个话题。永生的附加条件这个话题给我留下了深刻的印象。人们是不是都想永生呢?幸福的人愿意永生,而不幸的人永生对他是一种折磨。但若真有了永生,随着时间的推移,人们对幸福的观念是不是又有不同呢?那基于附加条件而实现的永生又处于何种境地了呢?结合老师在讨论预言永生时提出的方法论,我又有了这样的思考。听肖老师讲课时,我能接触到医学方面的知识。远离死亡,才能更接近永生,不管是研究人工心脏还是要治疗心衰,都还需克服很多难关。

18122961

这堂课有着出乎意料的思想碰撞,我从未上过这样的课程,今日一见,欣喜若狂。人类科学技术的发展与如今人工智能的探索都来源于人本身对更加美好生活的渴望。从古至今,人对永生的渴望就一直支持着影响着中国人的观念、文化,也推动着科技的进步。今天这堂课让我从更多角度,更全面地思考了永生的问题。永生不仅仅需要解决医学技术上的种种难题,延长人类寿命,从物质上是人类永生,更要解决人类永生后带来的一系列社会问题,如经济发展水平、资源保有量、社会伦理问题、社会创造性减弱等。如果我们仅仅解决了生理上的永生,却无法解决伴随永生逐渐出现的社会问题,那么永生难道不是在加快人类灭亡的速度吗?我不赞同未来学家所说的2045年论,因为的确随着时间的推移,技术的进步,我们能解决现存的疑惑或问题,但威胁人类安全的东西并不是一成不变的,它也会随着时间的变化、人类的发展逐渐变得复杂,甚至难以解决,就像如今难以解决的超级细菌就是随着医药技术的发展而产生的。就算到2045年,科技水平再高,人工智能技术再强,我们仍会拥有这样的困扰,甚至因为科技的高度发达,会带来更多更复杂的难以解决的问题继续威胁着人的生命,甚至可能高度发达的科技本身会变成我们的困扰。中国文化里的永生,无论是家族香火流传,还是"三不朽",都是建立在一定思想程度上。随着个人意识的提高,个人自由的增强,家族香火流传形式的永生也许不会被所有人接受。"三不朽"是一种对于自身价值的体现,我认为它将人对永生的追求具体化,立德、立言、立功,使得人有了具体的追求目标,从而在短暂的一生中拼命追求,达到永生。但我认为"三不朽"最开始就否定了永生,因为它是希望人们在有限的时间内去完成伟大的足以被历史铭记的成就,是把永生的概念淡化,但却把人类的这种诉求具体化,就像一个小目标。永生将会带来许多的社会问题,也需要科技作出更多的突破,但永生无疑也是人类最长远的诉求。我对永生与现代科技的发展之间的关系还有诸多疑问。

18123188

"生命智能"第一课仿佛向我打开了一扇新的大门。永生这个我从未想过的词语出现在了我的眼前,从前我一直被告知永生是不可能的,却从未曾想过要是有一天永生真的存在这个世界会变成什么样,也从来没有想过原来永生的出现会带来如此之多的社会又或是伦理上的问题,一个个问题仿佛一把把尖锐的矛刺进了我的心里。每个问题都让我大为震惊,在震惊之后却又引起了我深入思考。当知道了永生的又一种形式时,我茅塞顿开。为什么我们如此执着于生命意义上的永生?像牛顿、笛卡尔、亚里士多德这样伟大的科学家,他们不也完成了另一种形式上的永生吗?人生在世,要是能留下你对这个世界的影响与贡献,这不就是永生吗?也不枉度此生。作为一个理科生,我常常以理科思维来思考问题,1是1,0是0,对就是对,错就是错。但是这堂课,老师告诉我们这个世界并非非黑即白,每个人的思想、对一件事的看法都可以有不同,没有绝对的对与错。感谢老师们打破了文理之间的壁垒,让我明白了只有想象力,才是真正区分我们与AI的不同之处。

18123780

顾老师带我们畅想了"永生"的未来图景与可能性。我认为即使"永生"的技术真的可行,在未来也难以实行。首先,"永生"的背后是对于资源的无底线的消耗,其次部分人的"永生"一旦让群众知晓,再加上中国人自古以来对"长寿"的渴望,那么将会有更多的人去追求这种"永生",在社会资源有限的前提下,这种追求无疑会极大地破坏社会秩序,并且难以平定。

18123781

人的生命最重要的表现在人的思想存在,对于这种思想是否一定只可以存在于大脑中,我并不清楚。我相信人的思想并不可能去改变外面的世界。思维应该只是一种物理的微观复杂现象,其寄托于物质以实现。相同的物质却永远不可能产生相同的思维。希望未来,人类可以用思维去理解思维,使其可以长存不灭。

18123877

"生命智能"和之前的系列课程一样烧脑。当永生不再是无稽之谈,而成为一种常态,我们面临的事情会比想象中的更多。我们考虑的不仅是伦理,更重要的是平衡。从古至今人类都在经历着生老病死,万物也是如此。我们处在一种平衡之中,假如有一天平衡被打乱,后果可想而知。永生不一定需要建立在肉体上,精神层面也是可以的。正如有句话:"有些人死了,但他还活着。"人活着总要为后世留点什么,不说立德、立功、立言,我们还是要追求些什么,没有追求和咸鱼有什么区别?肉体层面不能永生,精神层面一定要尽力去达到永生。

18124446

死亡应当是一种自由——一切渴望永生的人都是如此相信的。我向来觉得,对于世间绝大多数生命来说,生命的意义就是延续("习惯");个体生命不是重要的,重要的是种族的延续。对一些虫子而言,后代的诞生就意味着母体的死亡。中国的宗法制某种程度上就是这个生命的潜意识的反映。过去个人的生命并非第一,第一位的是家族。例如,古代时常能见到独子不当兵,战时有多个孩子的家庭会留一个孩子不去当兵;在当代,个人的生命才成为至高无上的存在。对永生的追求往往只出现于有个体自由的人身上,而个体自由对于大部分人是一种新鲜事物。过去我们不得不死，但当代，新的思潮正在告诉我们，我们有了死的自由……在这项技术到来之前，需要想清楚我们究竟想要什么，是将它作为星际航行的一种手段，还是作为全民的福祉。永生并不意味着永恒，况且永生需要的是百年的科学探索。我相信，在将来人们面临这项技术之时会做好相关准备的。

二、治未病，人工智能如何倾听身体声音？

时间：2019年4月1日晚6点
地点：上海大学宝山校区J201
教师：朱小立（上海大学生命科学学院教授）
　　　顾　骏（上海大学社会学院教授）

教　师　说

课程导入：

我们如何知道自己是否健康？怎么才能让健康的状态一直持续下去？这就需要我们学会倾听身体的声音，管理好个人生命的账户。扁鹊三兄弟的行医故事包含了三种境界：治未病、治小病和治大病，所谓"上工治未病"。现在，我们提出治未病，推进健康中国建设。古代如此思考，人工智能时代如何在技术上得以实现？

学　生　说

15121509

科技的不断发展必将引领我们走向一个新的时代。人工智能已经走向了我们的生活。目前，医疗方面已经逐步引进了人工智能的黑科技，就如课上所说的只要手握着就能测人体的各种性能指标。这也必将使治未病成为一种新常态，让人工智能去倾听我们的身体，在发病之前作出防范。但是，现在还远远达不到治未病的水平。随着人工智能不断发展，未来的基因检测将变得简单，直接从根本上去发现病根本源，那么人们的生活将变得更加美好,避免很多疾病,"圣人不治已病治未病,不治已乱治未乱"。要想更好地管理个人的健康,就要学会倾听自己身体的声音。我们应该学会爱惜自己的身体。

16120003

我喜欢这堂课。作为理科生我喜欢新鲜的东西,喜欢实际的先进技术带给我的知识面拓展和新鲜感。朱小立老师给我带来了满满的干货,让我对医疗领域的发展有了一定认知。顾老师从医术谈到医国,从治未病、治小病和治大病三者的比较,让我了解了中国古代医生的医德高超和医者仁心。他也提出了治未病的健康观,通过防患于未然来使我们长寿。这种息息相关又不过于强调思辨的东西很贴近我们。顾老师所说的是我们看到的东西,学会的东西,是实实在在可以研究讨论的东西。在治未病的思想中我们了解了医德在古人心中的地位,发现了古人对现代人健康和高质量生命的启迪。朱老师对我们进行了一个多小时的"技术轰炸"。我对"技术轰炸"是完全抵挡不住的。它不过分艰涩,却娓娓道来一些细节和基本原理。我不是学生物的,但我渴望了解一下其他领域的知识和技术水平。朱老师给出的健康指南,让我知道了现在的医学边界在哪里,未来在哪里。最新的医疗科技检测产品简单便携,绝对是未来家庭不可或缺的必备良器。这些精美的小设备以及医疗检测仪器,突然激起我一个想法,未来把所学的物理知识、工科知识和生物医疗结合起来前景该有多大。我们踏踏实实研发,不但可以收获自己想要的生活也为他人作出贡献。这堂课给我点明了未来发展方向。

16121037

这堂课有很大的信息量!两位教授分别从截然不同的视角重点阐述了"治未病"的概念和实现途径。典籍术语颇多,却甚为有趣,我收获良多。顾老师站在人文角度,从扁鹊与魏文侯的对话中,娓娓道出了行医的三大境界,让我印象深刻。我认为,"治未病"深刻地体现出我国传统文化中的忧患意识,居安思危,防病于未然,敦促我们要树立正确的健康观,学会倾听身体的声音,形成维护健康的意识和观念。朱老师则从当代技术的角度出发,向我们介绍了一些基本医学知识和人工智能与医疗相结合的部分成果。朱教授强调,目前人工智能在医疗领域仅具有"辅助"作用,这引发了我的思考。为什么只能"辅助"?是因为临床数据在中心医院和基层医疗机构之间的不匹配导致,还是技术上人工智能还不能担此重任?抑或,这里面牵扯着一些心理学因素,比如人们并不信任人工智能,不愿意将自己的生命托付给一个机器？总之，何时或者能否将"辅助"二字去掉，是个值得深思的问题。

16121253

"治未病"思想源自《黄帝内经》，历代医家乃至现代医学对"治未病"思想都极为重视。根据现代医学理论，将人群的健康状态分为三种：一是健康未病态；二是欲病未病态；三是已病未传态。因此，"治未病"就是针对这三种状态，具有未病养生防病于先、欲病施治防微杜渐和已病早治防止传变的作用。在我看来，现在正是"治未病"最好的时代，科技的发展使得我们对自己的身体越来越了解，人们也能更好地管理自己，治未病绝不是无稽之谈。

16121395

任何生物生活在世界上都会经历生老病死，人类作为有史以来最智慧的生物，对生命的追求从对疾病治愈的追求到对健康的追求……不可否认，人类自身对自己的身体健康情况会有一定程度的感悟，并且每个人自身的状态在不同环境下也是大相径庭，然而这并不是最科学和严谨的去保证健康的方式。在这个科学技术高速发展的时代，我们可以借由各种各样的科技产物和技术去检测"未病"，与其说这是去感受传统中国中"神"的概念，不如说是在微观层面上检测任何将要造成你得病的可能因子。人工智能无疑会给我们提供巨大的帮助。我认为，人类只有借助外力才有可能真正做到倾听自己的身体，保证自己的健康。

16121439

这堂课是对于上一节课关于永生讨论的延续。顾老师首先带领我们从扁鹊与魏文侯的故事入手，引出了关于"治未病"与"治已病"的讨论，再将话题引回到现代社会，带我们感受与讨论了现代社会中人们对健康的态度及其对于自身健康管理的重要性。生命科学学院朱老师带领我们从科学的视角了解了当代科技社会下的治未病，即我们如何通过各种先进的现代医学技术，乃至于最近几年刚刚兴起的人工智能，来通过大数据分析，为我们防治以及检测疾病提供了新思路。顾老师带我们了解了一些人工智能与西医结合和中医结合的不同之处。

16121862

顾老师以古时扁鹊的例子引出了古代人们对医者境界的看法以及"治未病"的理念。我认为在当时虽然古人在科学技术上受到了极大的束缚，但是在思想境界上却是空前的先进。朱老师从现代科技入手，具体介绍了人工智能在当今扮演的三大角色。不论是通过人工智能获取身体的信息,抑或是提供疾病风险评估等等,这些现代科技进步的产物,体现出了人们在治病的观念上逐渐由"治已病"转变为"治未病",即预防疾病的观念。这正是扁鹊所提到的医者三大境界的转变。这种转变非常可贵。它将疾病扼杀在摇篮里,给未来医学提供了一种新的诊断思路:预防诊断。在未来,预防诊断这一新兴的医疗模式将会成为就医中至关重要的一环。当然,一些概念型的治疗、预防技术和设备也层出不穷。人们面对这些新奇又美好的概念疗法和产品,还是要保持理性的态度。我们要通过不同渠道查阅可靠的资料或文献,不要人云亦云,被虚假的伪科学蒙蔽双眼,丧失判断能力。

16121899

"是故圣人不治已病治未病,不治已乱治未乱,此之谓也。"这种说法本是借行医谈治国,但从医学的角度而言,也很有道理。对于一位明君而言,居安思危方能安定国本;对医生来说,扼杀病灶于未现才是最佳手段。结合本次课程的主题"管理好个人生命的账户,必须学会倾听身体的声音",正如顾老师的观点,任何的治疗都不如疾病的预防。朱老师具体介绍了医疗器械在身体监控以及疾病预防、检测中的作用。可以预测在未来大数据化的前提下,医疗信息能够更为准确有效地应用到具体的医疗中去,而纳米机器人之类目前还是概念性的产品,也能够在未来给予人类极大的帮助,助力人类获得"永生"。在演讲中,朱老师对血液作为检测物的原理的阐释让我深有体会,作为生命科学学院的学生,我对血液中的具体指标还是较为清楚的,但从未深究过为什么血常规是最好的检测手段,朱老师激发了我产生深层次的思考。有趣的是,课程当天正好是愚人节,所以朱老师在课程开始就给我们开了个愚人节玩笑:"量子检测仪"。这确实非常有趣——人类都是贪心的,而健康更是所有人都渴望的东西,医疗设备、药物的井喷式发展势必会造成市场的鱼龙混杂,甄别真假的能力需要依赖自身的知识。当未来科技愈发高端,普通人的知识储备往往跟不上时代前进步伐,那时候百姓如何避免受骗,政府如何监管企业,会成为一个需要深度思考的问题。

16121976

顾老师从人文方面谈了对倾听自己身体声音的思考。所谓良医,就是能够"治未病",提醒了我们不要单凭治疗的难度和成功率来评估医生的能力。我也学到了看问题要跳出习惯性的思维,善于从另外的角度思考。朱老师提醒我们,我们不能盲目追逐新奇的技术。

16121982

今晚,两位老师横贯中西、穿越古今,从不同的角度给我们带来了一堂令人深思而又生动有趣的课。我了解了古代人对"治未病"的想法以及现代人为了能"治未病"付出的努力。"治未病"这个思想在古代就已经被提出来了,而能"治未病"也代表着医学技术的高超。那人工智能是否能"治未病"呢?上完这节课,我的答案是人工智能确实能实现"治未病",但仅仅是一部分而已。现代医学能够做到仅需要微量的血液就可以测得血糖含量,也可以做到手握设备的金属棒能够得到简单的人体数据,但它还没做到把纳米机器人运用到临床医学上去。

16121984

疾病检测是疾病治疗中非常重要的部分。一些疾病初期如果可以被预测,初期的小毛病也更容易被治愈,就可以避免最终导致的不可治疗的疾病。目前国内外已经有了一些用于疾病检测的工具,人工智能在其中发挥了无法忽视的作用。不同于古代凭经验诊断,当代诊断技术有了大量临床数据的支持,结果也更为精准。不容忽视的是人工智能医疗诊断的发展也逐渐延伸出两个问题:其一是在未来机器是否会取代人类造成就业岗位减少,其二是对于这一热点话题存在的一些科学诈骗。我们期望科技最终是造福人类的,这需要我们具有更多的科学素养去识别所获得的信息,同时保持足够的理智面对科技存在的不可控性。

16122317

顾老师用扁鹊的故事引出了医人和医国的联系,医圣孙思邈《千金要方》云,医有三品,"上医医国,中医医人,下医医病"。"上医医未病之病,中医医欲病之病,下医医已病之病"。"上医听声,中医察色,下医诊脉"。而中医学里还有一种更通俗的说法,例如"上医医心,中医医人,下医医病",以及"上医者知病治无病,中医者知病治有病,下医者治病不知病"以及"听而知之为上医;见而知之为中医;切而知之为下医"。古人认为治国与治身的道理是相通的,《抱朴子》就有"知治身,则能治国"的观点。"上医"是指深谙治乱之道的宰相,他能赞国君治理天下,使国家安定,人民安居乐业。"中医"指技术较高的医生,他指导人们各种预防疾病和养生的方法,以求防患于未然而得享天年。技术一般的医生便只能凭借药物来祛邪治病。

16122740

顾老师以扁鹊对答魏文侯的小故事中三种医术的境界,从人文角度

二、治未病，人工智能如何倾听身体声音？

告诉了我们"圣人不治已病治未病，不治已乱治未乱"的道理。朱老师以批判的眼光让我们深刻了解如何依靠现有技术来倾听人体的声音。尽管目前可用于预测疾病的最有效临床数据是基因检测，但是在价格和所需时间上仍然无法做到普及化。而所谓的一些人工智能譬如纳米机器人也只是处于理论阶段，技术上还无法实现。习近平总书记指出，"没有全民健康，就没有全民小康"。期待健康中国早日实现。

16122858

顾骏老师的"热场"，抛出问题：身体是革命的本钱，那么你的本钱有多少？问题发人深思。他呼吁同学们管理好个人生命的账户。他由古代各种例子引出话题：人工智能是否能让人类"于病视神，未有形而除之"？朱老师从如何诊断疾病、如何预测疾病和人工智能的作用三方面展开课程内容。他最后谈到了AI技术对医学的帮助及影响，让我们更深入地认识了人工智能的前沿技术发展。

16123042

今晚，顾老师和朱老师从东西古今、科技与人文等方面向我们传授了"治未病"的相关见解。"圣人不治已病治未病，不治已乱治未乱"。这句话给我留下了深刻印象。身体是自己的。自己的身体，自己要爱护。老师由古代神医扁鹊的故事，引出了医人医国，再对科学技术加以解释概括。

17120204

顾老师讲述的扁鹊故事，让我们了解了医术三境界："治已病，治欲病，治未病。"由此，我们得知了病未发而已治的高明之处，从而了解了"治未病"的重要性。早些时候医疗技术不发达，人们大多是等到病发有明显症状了再去就医。对于一些严重的疾病，此时再去就医就已经晚了。随着科学技术的进步，我们可以通过先进的医疗设备随时监测身体的各种指标，然后通过指标判断出我们是否处于未察觉的疾病之中。朱老师向我们介绍的现代医疗技术使人印象深刻。血液蕴含着人类的健康密码，基因测序使人可以预测自己未来会患上何种疾病，从而趁早采取手段治疗，这是真正通向"治未病"的桥梁。目前，医疗技术还在不断发展中，相信在未来，"治未病"能够真正普及，使更多的人获得健康。

17120207

今天，探讨身体检测与人工智能。我同时感受到了文化上、技术上的内容。从古至今，"治未病"一直是医生所追求的最高目标，而人工智能在检测身体健康方面的应用,能够使治未病更容易。我十分期待纳米机器人的发展。

17120351

何为"未病"？尚未发出,潜有隐患,与古语"防患于未然"有异曲同工之妙。这两者有共同的难点：即是"未",又该如何得知？顾老师以扁鹊的故事引发了这个讨论,而朱老师就从现代生物的角度回答了这个问题——生物检测以及人工智能。目前,"理想雏形"的人工智能将在"治未病"中发挥更大作用,例如科幻片里常见的皮下植入芯片,或许不久的将来会变成现实,但这也许会引起人权争议。

17121251

顾老师引出神医扁鹊的行医"三境界",最高境界是将疾病扼杀在摇篮之中,即"治未病";第二境界是治小病达到治大病的目的;第三境界是治大病。朱小立老师介绍了检测与预测疾病的方法以及检测与治疗疾病在人工智能方面的应用。智能语音在个人、医生方面的应用,Watson Health"辅助医师"以及未来的纳米机器人,着实让人大开眼界。"治未病",更在于调养与预防。西医更重结果,中医更重过程。中医与人工智能的结合存在着巨大的空间。中医讲究五官内应于五脏,通过望五官可以了解一定的内脏病变。我们可以通过大数据收集病人的面相与舌苔等资料来建立云平台,当有需要时,人工智能能够调取资料帮助中医诊断,通过机器来把脉,用机器来记录人的脉象,达到辅助治疗的目的。

17121463

今晚,小顾老师从"健康中国战略"导入课程,引导我们思考身体与健康的关系,是个人的目标,也是国家的重要目标。自古以来,人们追求健康。顾骏老师由研究生睡觉谈起,联系扁鹊,谈了古人是如何倾听自己身体的声音的,扁鹊对医术的看法,"治未病"才是一种更高明的医术。我们要对自己的身体有所了解,在疾病不严重时,便可防患于未然。朱小立老师带给我们充沛的生物、技术方面的知识。他列举了"量子检测仪",用这个虚假的噱头,告知我们技术暂时还无法实现。朱老师告诉我们,最有效的预测手段竟是基因检测,由之前的上亿资金耗时十五年的全基因检测,到现在的数天即可完成全基因检测,让我们误以为遥远的基因检测,价格已经亲民到无法想象。人工智能作为一种新的技术手段,和医疗结合,可以为我们带来极大帮助——以前的血糖仪,成为现在的"辅助医师"。健康,通过技术的发展,已经可以很好地进行干预和治疗了。人文与技术,迸发出时代前进的动力。我们站在了巨人的肩膀上,应好好珍惜这个时代,关心自己的身体健康。

17121534

健康是立国之基。顾老师讲述的扁鹊故事让我第一次认识到行医的不同层次。一切不以临床统计数据为基础的预测都是要流氓,每一份临床数据都源于病人。

17121695

顾老师为我们解读了古代医学"治未病"的思想,也介绍了我国古代不仅将"治未病"用于行医,更是延伸到了治国理念;朱老师从现代医疗检测仪的发展角度,介绍了现代人"治未病"的方法。我进一步了解了我国的一些古代典籍、思想。我对如何管理、监测自己身体的健康状态有了进一步了解。

17121986

我相信在不久的未来,智能医疗芯片会嵌入人们的智能穿戴设备中,帮助追踪健康状态,而现在有些已开始变为现实,机器人手术的技术已愈发成熟。相信在以后,即使是乡村医生,也能进行更复杂的手术。当医疗融合了AI,融合了分析能力与智能联想的医疗人工智能产品,一定能改变医疗事业。

17122093

如顾老师所言,中医与西医对"治未病"方面的不同之处,还有一个关于你还有多少"本钱"的问题。关于"本钱",联系到"治未病",我认为不应该完全依靠个人感受来判断自己是否应该通过"治未病"的方式调节自己。人们自我意识的判断有时不够准确。

17122116

在选择学习生命科学专业之前,我就觉得人类解决病痛应该要从根本入手,也就是我们这堂课所说的治"未病";后来初步了解生物,觉得基因治疗简直是理想中的完美解决方式,这一度成为我学习生命科学的动力;再后来才领悟到,基因治疗虽然已经有了技术支持,可是在伦理的约束下,这并不是一个完美的解决方式。可我们并未止步,除基因技术外,仍有许多方法技术在发展,人类仍然在为解决生命问题而努力,生命科学的脚步不断向前。如今基因技术、精准医疗的市场发展,生命与健康产业已经不仅仅是靠经验和知识来供能的了,更多地需要结合计算机、大数据、AI等来发展。信息时代的浪潮是人类永生进程的下一步台阶。像

Watson这样的人工智能在医疗健康领域的潜力不可估量,只要在人机交互的环节能更上一层楼,对医疗资源紧张的中国一定是有巨大帮助的。可即使是这样,人口众多、文化水平不高、网络信息冗杂等因素仍是中国健康事业的大问题。技术不仅应该尖端化,也要产业化、大众化(就像血糖仪),做全民的健康产品,两手抓,一个都不能少。路漫漫其修远兮,"治未病"将是我作为生命科学学院学生最大的追求。

17122247

"治病重不重要?重要,但是更好的治疗,是预防于未然。"能治得好大病确实有本事,但是能够从小病,从开端的征兆出现的时候就治疗好,或者在未出现前预防,如果任何的病都可以这样预防,这也算是永生吧。但是这又谈何容易呢?谁又知道自己的身体极限是如何的呢?谁又敢去测量自己的身体极限呢?既然人类不敢,那么就让人工智能来吧!从何而来?怎么做?那就得去分析人体的每一个指标,以科学方法去实现科学目标。我们正在研究微创技术、无创技术,甚至是玄幻的纳米机器人……人工智能可以协助人们去分析庞大的基因数据,去获取信息,并且去整理分析信息。但它也同样可以使用语音交互技术来帮助人们去更快地恢复精神创伤。但是,医学目前是有极限的,再强大的医生也无法100%治愈好你的病,人们的病有很多是依靠人们自身去修复的,药物多数起着辅助作用。我相信人工智能会改变人们生活的方方面面。最后,老师们所说的中西医问题,却引发了我产生更为深入的思考。再怎么说,西医本质就是让一切都以可见、可靠、科学的方式去解决。而为什么中医反其道行之有时候也能得到效果?或许人工智能也是有极限的,人体比机器要精妙得多,因为每一个人都是一个由惊人数目的细胞所组成的复合体。或许在未来的某天,我们能够将中西思维所产生的成就相结合,从中探寻到人体更多秘密,赋予人工智能更多的生命力。

17122307

人工智能如何倾听身体的声音?顾老师以身体是革命的本钱作引子,提出了一个非常尖锐的问题。谁知道自己的本钱有多少?我可能自认为是相当了解自己身体的那部分人,验血,大小手术做了不少,对自己的身体有一定了解。我们大学生其实大多都处在"神已现而形未见"的亚健康状态,遍观校园有多少人能健康地过完一天的生活?我们在透支健康,凭着年轻的资本,伤害我们的身体。我们的身体已提前进入老年期,而有些人浑然不知。现在的检测成本和检测手段越来越低廉和方便,却很少有人去做,这也说明了大学生健康观念的缺失。去除硬性的要求,有多少年轻人愿意对自己的身体进行检测呢?我很年轻,我身体没问题这种思想已经普遍流传。真的要做到"治未病",人工智能确实会是一个突破口,随着可穿戴设备的发展,能够随身检测人们部分身体情况的设备可谓是越来越多。科技发达了,你会注意你自己身体吗?这是一个我们大学生都该考虑的问题。

17122905

顾老师提出了"要管理好个人生命的账户,必须学会倾听身体的声音",指出,医术的最高境界是"治未病"。在我看来,"治未病"思想启蒙于中国古代传统文化中的忧患意识。居安思危则安,居安思安则危;未病思防则健,未病不防则病。把影响身体健康的征兆扼杀在萌芽中的"治未病"理念,是医学的纲领,摄生的法则,是最超前的预防医学思想,具有深远的现实意义。"治未病"一词最早见于春秋战国时期的《黄帝内经》,其中《素问·四气调神大论》指出:"圣人不治已病治未病,不治已乱治未乱,此之谓也。夫病已成而后药之,乱已成而后治之,譬如渴而凿井,斗而铸锥,不亦晚乎!"这段话从正反两面强调治未病的重要性。"治未病"观念,其思想价值在于将"治未病"作为奠定医学理论的基础和医学的崇高目标,倡导人们珍惜生命,注重养生、防患于未然。

17122906

顾老师从人文角度用扁鹊典故对三兄弟行医特征进行了质的分析,让我更加深入地理解了这个典故。扁鹊三兄弟代表了从医的三种形态,道出了行医的三大境界,让我印象深刻,"长兄于病视神,未有形而除之,故名不出于家"。这一想法深刻地体现出了我国传统文化中的忧患意识,居安思危,防病于未然,告诫我们学会倾听身体的声音。朱老师强调了医疗人工智能虽然先进,但无法取代医生。人工智能技术虽然为医疗科技提供了许多帮助,但仍与人类大脑存在一定差距,尤其在深度学习理解能力上,人工智能远不及人类大脑。所以人工智能应用在医疗上本质上不可能取代医生,只能应用于医疗辅助领域。但是人工智能技术的发展的确已在为医疗科技进步提供巨大的帮助。

17123183

我最大的感受在于一个人的健康对于生命意义的拓展。前不久看见在热搜上有一条,现在的年轻人熬夜已经变成了一种普遍现象,很多人可能认为自己还年轻,熬了夜也不会有什么问题,久而久之却变成了一种习惯。我们倚仗着年轻,过度预支生命。其实我们应该学会取舍——什么样的事情值得我们在可控程度上预支生命,什么样的事情又不该让我们去挥霍。我们应该在保证自己健康的状态下追求生命的更高梯度,让自己走得更远,甚至得到生命永恒。两位老师在课堂上介绍了很多关于预防疾病的事例或者方法,对于"治未病"的敏感,很好地诠释了人们对生命的敬畏,而对生命的敬畏,往往是人们探寻生命真谛的前提。

17123184

从上一节课人类的永生到这节课的健康;从大到小、从古到今、从西到中,两位老师分别从人文与科学的角度深入讲解了健康的意义以及如何倾听身体的声音。老师也分享了现如今什么技术是可以达到的,什么技术是不能达到的,使我对人工智能与医疗有了更深入的认识。或许在将来的某一天,人工智能真的就可以实现"于病视神,未有形而除之"。或许人工智能并不是真的"智能"。智慧是没有止境的,人类在不断地积累与发现中。

17123471

我特别喜欢这门课程文理结合的授课方式。顾老师引述了古时人们对看病治病的想法,告诉我们要学会倾听身体的声音。我收获最大的是那句"良工门前多钝铁",即我们不能单凭治疗难度和成功率来评估医生的专业能力。这不仅仅是对医生,这一方法论陷阱在生活中的许多方面都存在着。生动的举例和深刻的思想性话题,深入而浅出,每每结束时我都觉得意犹未尽。

17123988

这又是一堂两位老师展现各自所长的课程。顾骏老师从一个让我记忆深刻的反问开始:谁知道自己有多少本钱?对于自己身体本钱的多少,我们似乎一无所知,必须要通过倾听自己身体的声音才能更好地作出判断。我总觉得对自己的本钱还不很了解。这种情况下,还是宁愿留下健康遗产比较好。朱老师认为中国人十分向往高深境界,用飞檐走壁来达到翻墙的目的;外国人老老实实用梯子翻墙,最后全部过去。我认为这种说法很有道理。

17127008

今天的课程可以说是干货满满。今天讨论的内容是"治未病",我从文化上和科学上经历了一次思想的洗礼。穿越古今,遨游在科技的海洋。从文化上,我了解了治病与治国从文化和方法上还是有很多共通的东西,治病的最高境界在"治未病",治国的最高境界在"治未乱"。范仲淹的名句"不为良相,便为良医"让我深深地记住了这个道理。从科技上,课程的目标之一是探寻生命永续,服务百姓健康。能否"治未病",或者说能否治疗所有的疾病,直接关系到我们追求永生的可实现性,而现如今社会很热门的技术手段就是人工智能,人工智能和"治未病"的结合。今晚的课程,我自己有一种柳暗花明又一村的感觉,原来在自己的思想之外还有这么一个世界。在这个世界,已经实现了很多东西。基因检测的技术水平已经发展得这么高了。这拓展了我的眼界,让我敢去畅想未来的某一天,也许我们真的可以通过测出自己的基因组,然后预测自己可能会生什么样的疾病,再有针对性地预防这样的疾病,这样的技术真的是"治未病"呀。

18120351

现在的医疗整体趋势是从治疗已经产生症状的疾病转移到对于疾病的预防和人体健康的保护。一方面是科学的进步,一些常见病能够被有效地治疗康复,从而转移了人们对医疗的根本需求,人们希望能够免受治疗的痛苦、副作用和降低成本,能够防患于未然,在疾病的源头消灭疾病,以最小的代价取得最大的效果。而另一方面则是一些人类无法攻克的疾病,科技的进步可以降低得病概率。我有一个问题:科技进步和人类整体寿命延长会不会让人们发现更多现在未知的病症,而未知病症的不可治愈性和人类已经提高的寿命期望的矛盾是否会加深得病人的精神痛苦?

18120410

医生治病的三大境界:"治未病,治小病,治大病"。相对应的,我们有防病与治病。在过去,我们一直将治病看得颇为重要,而有忽视防病的嫌疑。一则我们的目光短浅,拘泥于当下;二则病显才识其重,没有病时我们易掉以轻心;三则自我认知不够,不能看出身体处于何种情况。凡此种种,我们的身体处在了一种亚健康状态。随着社会的发展,国家也越发重视健康,提出健康中国的概念,人们将重心逐渐从治病转向了防病。将医学与智能结合在一起,可帮助人们查清自身状况,这是未来医学的发展道路之一。我希望未来,至少在我的有生之年,能看到医学为人类带来更多便利。

18120416

"治未病",方为上医,依旧是人文与科技的碰撞。顾老师以扁鹊的故事为引,告诉了我们一个理念即"上医治未病,中医治欲病,下医治已病"。

从古至今,"治未病"就是医家的至高追求。古时"治未病"大都依赖医者精湛绝伦的艺术,而今天,我们已经可以通过一些科技的手段倾听身体的声音,辅助医者在最开始发现端倪,最终达到治欲病甚至治未病的目的。朱老师带领我们了解人身体里的"声音"、现在AI技术等新兴科技在医学方面的发展以及对未来的展望。虽然我们还没办法完全地做到"治未病",但我相信终有一天人类会突破这一技术难题,达到"治未病"的目的。

18120451

我对中国古代医学中"圣人不治已病治未病,不治已乱治未乱"的思想感到由衷的自豪。的确,现代医学已经发生了翻天覆地的变化,过去所不能医治的疾病,如今能够得到良好的治疗。但是,如果我们不注意管理自己的身体账户,使小病积成大病、大病遂病入膏肓,那么,"虽扁鹊再生"也无济于事。反之,如果我们能够时时监测自己的身体状况,防微杜渐,我们一定可以将能够治疗的疾病消灭于无形。这节课使我对健康有了一个全新的认识,我的脑海中甚至产生了对未来医院的遐想,在未来人们在医院更多的不是治疗已产生的病症,而是检测自己的身体以作好预防疾病的准备,即使无病,人们也要定时去医院检查身体。

18120452

这次的课堂由扁鹊回答魏文侯"子昆弟三人其孰最善为医"开始,其一番回答可谓发人深省,"长兄于病视神,未有形而除之"。身体的病疾在当今医术如此发达的社会仍旧是无法避免的,可我们依然能选择尽早地去发现它,正如顾老师所言:"管理好个人生命的账户,必须学会倾听身体的声音。"这种思想是空前的,即使古代大多数人不具备基本的医学常识,但这不失为一剂良方!现如今,科技得到快速发展,人工智能开始逐渐应用于医学诊断,大数据的分析与推演能力让人工智能有能力去全面分析人们的生命体征与预判患病概率。目前,人工智能介入医学虽未成熟,但其发展前景被许多人看好,通过这种方式,或许可以真正实现古人所言"治未病之病",这便是人工智能的魅力所在。

18120462

在上半节课,顾骏老师通过扁鹊的故事引出了"治未病"这一贯穿始终的主题。在中医看来,"治未病"就是病未发而神已现。这一"神"字看似玄乎,但是如果类比国政,我觉得就如同一个社会矛盾尚未激化,但社会体制中已经潜藏了激化矛盾的不完善之处。"治未病"就是在矛盾激化之前,完善体制,从而消除隐患。所以"治未病"是一个完善人体免疫力和抵抗力的过程，几年前比较火的养生学就是在试图完成这样的工作。朱老师介绍了一些西医健康监测的技术成果，并展示了一些技术在几十年间从几千亿美元到几千美元，从痛苦到微创的巨大进步，这些鼓舞人心的进步正是科学发展造福人类的直观体现。我们必须要对全世界的科研工作者说一声感谢！朱老师提到了一些医疗界的黑暗面，例如量子健康检测仪、创新采血技术公司和纳米机器人等等，这些骗局关乎人民的健康，令人细思恐极。所幸近年来，我国在政策上对医疗器械的监管正在不断加强，终有一天能驱散这朵飘在医学界上空的乌云。

18120466

医术的最高境界在于疾病尚未发生就提前预防，让人远离疾病的威胁，古人很早就认识到了这点，也将这个思想用于治国、用于自己的生存，防患于未然。古人虽然早已烟消云散，但是他们的思想即使放在如今也很适用的。即使现在医学技术发达的社会仍然有很多疑难杂症以及绝症无法治疗，但我们可以做到预防，我们也正在慢慢地向着更发达的预防以及医治技术前进。朱老师讲到很多现今医学境况，不禁让人感叹生命之奇妙，即使科学技术发达，人们依旧很难完成对生命的完全了解，一滴小小的血液就能蕴含一个人这么多的信息，真的让人很是震惊。希望将来能够通过科学技术更好地了解生命，了解它的奇妙，它的伟大。

18120484

东方文化与西方文化并非一个优于另一个。用顾骏老师的话，就是对宇宙的另一种理解。有时候"道可道，非常道"的确很玄，但细细品味也别有风味。即便植物从未学过数学，花瓣叶片的分布完全符合欧几米德空间理论。我们所接触的科学也不过是一种由人可以通用的数学语言构建的，而自然的奥秘也可以别的语言去阐述。朱老师提到Watson以及虚拟的技术，让我们看到一个人工智能的私人医生形象。它将不仅是诊断，更将与人构建不一样的医患关系。

18121494

扁鹊的故事给了我很深的印象，将病症从未病之时就解决可以说是一种极其高性价比的"未来方法"，而侦测到些许异样表征又需要人工智能的介入，两者穿插结合与主题契合。但是"治未病"也仅仅是一种治疗的手段，而并非能从根本上为永生提供坚实基础，更多的还是兵来将挡水来土掩，永生追求的更应是生命广度与层次的提升。人不再会得病或者不再受疾病困扰仅仅是解决了阻碍永生的一个难题。

18121525

本周的主题是"治未病",首先顾老师引用了扁鹊兄弟的故事。大哥治未病,实则最强却由于不可见而只在家中闻名;二哥治微病,在他人看来只是小病而在村中有名;扁鹊治已病最容易被他人看出而闻名遐迩。其实治病的能力却与闻名程度成反比,这令人深思。真正的治病应该防患于未然,更多的应是预防工作,以减少发病之后的痛苦,看似无用实则重要。朱老师从如何"治未病"上深入探讨。当今社会希望通过机器的力量聆听身体的声音,从而对个体的身体进行检测调节和提前治疗。现在的科技还不够完善,却也可以通过无创微创的手段进行一些检测。光是一管小小的血液就可以检测出许多指标,这应该是值得欣喜并期待的。

18121770

顾骏老师和朱小立老师分别从人文和科技两个角度分析了"治未病"这一课题的可能性。顾老师从扁鹊与魏文侯的故事来引出"治未病"的高深精妙之处,让我们领略到"治未病"的重要性和前瞻性。从理论上升到实践,也是从顾老师转换到朱小立老师的过程,让我们进入科学的领域。朱老师提出了量子仪器简便测量人体数据这一概念,掀起了课堂讨论的高潮,随后逐层递进地分析了现代人工智能的发展进程对于医疗的辅助作用,例如医疗机器人的发展、血糖仪的便捷使用,让我们对现代科技实现"治未病"的可能性有了更新一步的认知。但是对于机器人进入血液这一说法,教授表明目前世界仍旧没有此项成熟技术,使我们洞悉了科技发展的前沿。两方面的阐述使我们对健康预测这一命题有了不同层面的思考,受益匪浅。

18121943

顾骏老师和朱小立老师就"治未病"向我们传达了不同领域的不同见解。"圣人不治已病治未病,不治已乱治未乱"。要想更好地管理个人的生命账户,就要学会倾听自己身体的声音。但是,我还是更倾向于支持"身体是革命的本钱"这一说法,因为就像没有谁知道自己的本钱有多少,也没有足够的数据统计来支持这一玄学计算,更没有科学的评判标准来确定自己的所作所为是否在透支本钱,同样在没有能力和技术把握好自己身体的声音的时候我们仍应该学会爱惜自己的身体。但是这并不代表可以因此不完成任务,有觉悟有规划的人必定能达到"两开花"的局面。朱小立老师从科学角度阐述了诊断、检测与人工智能的角色问题。我认为,在医者与患者之间架起人工智能这一沟通桥梁的确十分必要,因为患者往往会因为外界环境而产生特殊的心理体验并迫切希望医者能够完全解决自己的疑虑,然而医者想要了解的并不是这些杞人忧天的心理负担,这也是造成我们医院体验差的原因之一。但是,从这弱人工智能时代过渡到拥有贴心的智能医护助理的时代,确实还有很长的路,除了技术上的难题,还要合理处理人的心理问题,以达到"治未病"的目的。

18121980

顾老师和朱老师分别从古代的"未病""已病"到现代的"未病""已病",向我们介绍了古时"圣人不治已病治未病,不治已乱治未乱",从医术到思想,由病引思;又到现代,从身体检查的血常规,到癌症的检测因子,再到现如今人工智能已辅助医师……从第一堂课探讨生命永续,到今天谈论"未病","生命智能"这门课程在一步步地开阔我们的视野,为我们带来最前沿的知识,打开我们关于人工智能的畅想,并将我们带回实际生活中了解最新的技术。

18122128

顾老师讲了医学的核心思想与愿景,也可以说是指导思想,它让我们对医疗的进步方向有了目标——"治未病"。不过"治未病",先从治已病开始。朱老师给我们讲述了智能领域现代医学的发展。纳米机器人目前还只是一种想象,人工智能也并非我们所想的那样可以无所不能。它只有辅助检测、识别等等依据已有数据分析问题的能力,代替医生仍旧是不可能的。医学领域人工智能只能发现对比问题,并不能执行问题,也不能分析新的病症。总而言之,目前治已病仍是一个难题,更不要说"治未病"了。"倾听身体的声音"是一个起点,人工智能应该会有更多发展。

18122445

今天的主题是健康检测,顾老师提出三种疾病:未病、微病和已病。扁鹊三兄弟很厉害,三个人能把这三种病都治了,扁鹊认为大哥最厉害,我们今天便讲现代的大哥。朱小立老师给我们开了愚人节的玩笑,一开头便拿量子检测仪唬住了我们。我因受上次肖老师人工心脏的影响,怎么也不相信这更厉害的东西已经出现了。最后,纳米机器人给我感触最深。虽然还很遥远,但我相信那些图片里描绘的栩栩如生的机器人并不是浪费时间的创作,这是人类对这种技术的渴望与信心,是对未来纳米机器人模样与功能的设计初稿。我也有信心,在一代又一代人的努力下,总有一天图片里的东西能变成现实。现代技术对于疾病的监测与检测还并不完善,比如有些病灶,并不是 B 超、CT、核磁共振等无痛技术能检查出来的,患者往往需要做一些需要忍受巨大折磨的检查,如骨穿、腰穿之类,甚至于一些病理检查需要直接在身体内部器官上取片,检查结果有的需要等很长时间。

18122961

顾老师从扁鹊与魏文侯的对话引出了"治未病"的理念,居安思危。但与这种积极倾听自己身体声音的想法不同的是,现在社会上还有一小部分人害怕倾听自己身体的声音,畏惧检查,害怕就医,直到病症掩盖不住了,无可挽回了才后悔莫及。我们要积极地倾听自己身体的声音,需要借助一些科技的手段来倾听。当下通过一些最常规的检测,我们已经可以掌握人体的许多数据。科技为人们"治未病"带来了重要的技术手段,并且如今人们也在继续探寻科技与医疗的结合,通过大数据让诊断更准确,利用人工智能为人们进行基础的答疑解惑,甚至不断创新,让人们在家里就能享受到科技为医疗带来的便利。如今随世界需求而极速发展的医疗新科技层出不穷。我们在使用智能科技的过程中,也应具有一定的辨别能力。人工智能已经可以与西医进一步地结合,但与中医的共同发展仍停留在最基础的层面上,这与中医的客观存在性有着密不可分的联系。我相信,未来的人工智能无论在西医还是中医界都会起着极大作用。这些医疗手段可以更好地帮助我们倾听自己身体的声音,从而达到"治未病"的目的。

18123188

从古代就已经有了这方面的意识,在科技发达的现代我们有可能做到吗?至少目前我们看到了希望,通过基因检测,可以预测到得癌症的概率;通过家用血糖仪,在家就可以测得自身的血糖情况。但是,更多的我们还是在得病后才会想起来去医院就诊。现在的科技其实并没有我们想象的那样无所不能。纳米机器人技术还没有看到应用希望,目前只能进行一些简单的工作。

18123777

今天课堂上顾老师先以扁鹊与魏文侯的谈话引出了治病的三个关键阶段——治未病,治小病,治危病,提出"治未病"的重要性——"圣人不治已病治未病"。朱老师上场则是帮我们科普了健康检测以及治疗的一些技术知识,介绍了"人工智能+医疗"的一些新型典例和构思,如智能语音。正所谓"关注人类命运,融通生命智慧",人工智能在医疗领域有所贡献,也是人类在整个历史长河中走出的扎实的一步。

二、治未病，人工智能如何倾听身体声音？

18123780

"治未病"的说法来自《黄帝内经》，其中写道："上工治未病，不治已病，此之谓也。"真正强大的医术在于"见微知著"，从别人表现出来的微小神态中看出其存在的问题，并给出治愈的方法。而现在的人工智能便可以胜任这一"神医"，人工智能可以通过各种仪器，时刻检测身体的各种数据，并进行自我分析、比较，及时提醒主人并给出改善的方法。在不远的未来，这种生命智能的仪器将会微型化、普及化，让每个人在家中都可以享受"神医"的关照。

18123781

扁鹊三兄弟的故事告诉我们，真正高明的医生在于"治未病"，而未病在现实生活中，并不是真正的没有生病，而是生病的特征还没有出现，我们便将其根除，这便是"治未病"。"治未病"可以极大地减少人身体上的痛苦，使人们的生活更加高质量。不过，"治未病"需要我们对人的身体更加地了解，可以预知未来可能会生的病，对于身体的检查必不可少。我们应该积极探索人体的结构与机理，尽可能简化体检的复杂程度，使体检在我们的日常生活中也可以时时做到，并且可以广泛地进行 DNA 鉴定，对未来可能会生的病进行预测和预防，使人类远离疾病的折磨。科技的进步必将带动医学的进步。在将来，人类一定可以做到"治未病"。

18123877

今天上课的跨度很大。顾老师先向我们讲述了中国古代的医学，由扁鹊引出了医人医国，很明显，这是站在了思维的角度上说。朱老师给我们详细讲述了现代医学的方方面面，现代医学是站在西方的立场上，与中国的文化存在差异，所有的事情都是看得见摸得着的，就像诊断血液中的物质一样，凭借测定其中的物质来断定病因，而中医在我们看来好像是神乎其神的东西，看不见摸不着。顾老师说，这就是文化的差异。

18124446

从中国古代名医扁鹊的时代开始，"治未病"的概念便被提出了。中国传统智慧从一些无法被定量检测的东西中感知人的身体状况，并且以此来进行治疗；而现代医学方法则用实证的临床试验来进行研究。朱老师介绍了预报、检测疾病的方法，比如血液检测、基因检测，向我们描绘了这些疾病预报的前景。中医作为中国的传统医学，并不像现代医学那样直观，但是它的效果是被千年的实践证实的。或许将来，我们会发现中医的原理与机制。

三、对症试药,机器人也需"尝百草"?

时间:2019年4月8日晚6点
地点:上海大学宝山校区J201
教师:许　斌(上海大学理学院教授)
　　　顾　骏(上海大学社会学院教授)

教　师　说

课程导入:

俗话说:"有病治病,无病强身。"有病治病,这么简单吗?医生该不该给病人治疗?有病治病,治病还是治人?既然治病,我们需要用药。药是怎么发现的?中医很有效,但中药是如何发现的?西药的发现逻辑是什么?

学　生　说

15121509

从第二讲的"人工智能治未病"到第三讲的"人工智能尝百草",课程每次都给我带来了新的视野。我对人工智能的发展越来越期待,相信在不久的将来人工智能将会彻底改变我们的生活。在一开始顾老师在谈及中西医的时候我就感到豁然开朗,西医是根据细菌、病毒的机理去消灭它们,而中医呢,几千年前流传下来的中药,当时的人们是如何发现其疗效的?更让我感到不可思议的是针灸又是如何而来的。难道真的如顾老师课上所讲述的那样?这一切值得我们思考。许老师的专业讲解让我们进一步了解到一些有关病理知识，主要根据西医，从本源上去发现去解决问题。未来，人工智能与医学方面的发展将会得到更完美的体现。

16120003

生物制药是一个非常高端的研究门类。从我比较外行的角度来看，它包括对各种化学反应的分析预测，化学反应规律的掌握，还有检测病变结构以及药物的分子结构，元素同位素检测判定，要探明未知的物质的细致结构，这其中包括了化学和物理手段的检测，研究分子结构就是一个难题，用学习物理系课程的经验类比可能就使用了固体物理的研究方法，利用X射线衍射计算机分析，来确定结构，然后包括各种核磁共振，气相、液相的各种实验判断，我想想都觉得难度是bug级别的。生物制药绝不是一个人可以完成的工作。许斌老师带来知识满满的一堂课。他从各种方面讲制药，制药的过程是很繁杂也是困难而又未知的，成本高、技术要求高、市场垄断都是制药过程中的难点，甚至是制药成功率的数据也着实惊讶到我们。从几百万的样品中筛选，最后经过三期临床，竟然还有很多药品因为各种副作用被淘汰，还有市场和利润的综合考虑都给我们呈现了一个制药的真正的市场环境。制药，从更趋势化的方向去看，就是利用人工智能来解决复杂问题。大数据确实是一个强大的工具，我在上课的时候一直在思考传统算法下如何把化学理论、物理理论用编程的方式去加入计算机逻辑，如何定义它们让计算机自己判断使用什么方法解题。这对于编程的人真的是一个巨大的考验，首先会生物、物理和化学才能编程，其次还要能把数学语言、图像语言转换成计算机逻辑，再思考大数据的作用，可能就能找到治病的已有数据库中的决定性影响因素，用关联度和概率的思想排列出绝对因素，让制药的几个关键点都用大量的事实去自行发现规律，在这些样品中找到契合的那些去实验。数据本身无意义，但通过有意义的数据的大量累加，会有很多东西浮出水面。这是人工智能现在最厉害的地方吧，方便定量化控制变量的筛选和总结，筛选掉大量无关的信息，让人们的分析变得容易。不过从算法上来说究竟什么关联度更重要需要加强比重，什么是次要因素需要被剔除，不断优化算法和数据库，选取有效数据，还是需要不断提升的地方。这是我对人工智能与生物制药的一些看法和观点。而对中药与西医之争，我和顾老师秉持一样的观点，有效即是真理。中医的观点确实玄而又玄，研究对象也不清楚，它是一种更整体和宏观的思维，但逻辑性不强，经常跳脱。可你不得不承认它的思维是有美感的，而且竟然是有效的，并且通过大量事实你得承认它的有效性不是巧合，而是有一定思维依据的，只不过和量子力学一样，人们不知道它为什么这样，只知道它就是这样。所以我也反对一些科普公众号唯中医杀的态度。多有一双眼睛看一看，保持多种思维思考有什么不好呢？科学和逻辑以及质疑是发现世界的手段，绝不是唯一标准。敬畏科学，敬畏未知。

16121037

中医依据来源于经验总结形成的独有的理论体系。要完全理解它，先得读懂中医理论。若非要从西医的角度去强行比较或理解，自然就是鸡同鸭讲了。为什么中医如今被部分人视为"玄学"而不受待见，很大部分原因来自顾教授所讲的中医理论中的语言描述问题。中医讲究人体之气，"气"这个字本身就很是玄乎，看不见、摸不着也就罢了，连语言解释也不成，想让人信服的确很难。至于中药，我认为其已经是中医里最好的部分了，目前大部分上市的中成药都通过了临床试验，中老年人对其特别推崇，认为纯天然是最好的，没有毒副作用，我也曾对此深信不疑。但是，在听了许老师的解答后，我发现"是药三分毒"确为真理，现今制药行业中能做的就是有效地控制药物作用范围，精准用药。如今人工智能和大数据蓬勃发展，我能感受到科技发展带来的振奋。然而，当前人工智能还依赖于大数据的积累，并不能无中生有。新药研发的复杂性和保密性决定了这个领域可利用的数据十分有限，短期内人工智能难以产生颠覆性影响。能否实现医药数据共享和利益、风险平摊，或许会是推进人工智能取代传统药物发现的途径之一。

16121439

顾骏老师从人文关怀的视角切入，由中世纪医生是否应该为坏人治病这一有争论性的话题入手，介绍了中世纪以来西医的飞速发展，并由此引出了关于中医发展与同西医之间异同的讨论。顾老师也介绍了在新药的研发与使用上中医与西医的很多不同之处。理学院的许斌老师带领我们更加理性地了解近年来药物研究、使用的一些进展，其中自然包括了近些年来大家逐渐应用广泛的人工智能在药物合成方面的贡献，许老师的介绍给我们开阔了视野，我们也对药物的制造流程有了更具体的理解。相信在不久的未来，计算机辅助制药能够给我们的生活带来全新的改变。

16121862

顾老师从欧洲中世纪医生该不该给病人治病，提出了教会对这一问题"一石二鸟"的解决方法，同时也导致了西医的快速发展。再谈到中医时,区别于西医。顾老师认为中医是治人,所以药方因人而异;西医是治病,药方是因病而异。人们往往会将两者作比较,以西医的理性思维去批判中医是"伪科学",然而顾老师认为中医与西医完全是两个不同的体系,完全没有可比性。中医之所以能够延续至今,其最重要的原因就是结果论,即能够治好疾病。顾老师的这番想法让我明白思考问题的方式并不仅仅在于表象,只有抓住问题的本质才能够真正理解和解决问题。许老师的阐述让我感觉到制药是一场漫长而又艰辛的马拉松,同时需要一些运气。研究10年之久的药可能在任何一个阶段宣告失败。人工智能最大的优势就是机器学习,它不同于计算机,不仅有强大的计算能力,同时还具备根据现有条件数据,对流程或数据进行总结优化的功能,它可以预测蛋白质结构、活性部位以及前导物的结构和可能的结合位点等等,大大降低了制药流程中的研发成本和时间。但这仅仅是制药过程中的一小步,人工智能也扮演着辅助的角色。未来人工智能是否能在制药的其他方面有立足之地?这还是个未知数。

16121899

顾老师开头提的问题:为不为病人治病?这对现代人来说已经不算一个太大的问题,因为在《豪斯医生》等影视作品中多有涉猎《日内瓦公约》等医生宣言以及希波克拉底誓言。但在中世纪时,由于神学报应论的说辞,一度困扰过很多医生。教会的解释的确从逻辑学角度阐明了行医的准则,但也从侧面反映出伦理道德对科学的潜在影响。中药的存在价值在于其结果论,它算不上科学,因为它的治疗机理无法被系统性解释。但随着科技的进步,当我们能快速地对每味药的成分进行分析,并建立完整的数据库,或许人类便可以在深度学习的指导与协助下,将中药的药方精确化、理论化。许老师明确了算法和深度学习的差别,这点在计算机应用于制药时十分关键。如果仅仅是通过算法建立数据库,那计算机的价值永远停留于筛选层面;而对生物成分、反应进行机器学习,便可以更为深入地指导制药行业的前进。深度学习是未来生物制药行业的趋势,因为"老药新用"这一概念实在是太有诱惑力了,跳过了烦琐的一期临床,节约了大量成本的同时还提高了研发的速度,无疑是所有制药企业愿意看到的。"是药三分毒"是不争的事实,抛开某些药物非特异性的治疗特点不谈,光是药物在循环系统中运行一圈给肝脏带来的负担就是不可忽略的。中药中的"虎狼药"确实很有意思。这种激进的办法在西医中是不常见的(除去化疗等非特异性治疗)。我觉得以后如果能利用深度学习搞清楚中药中每味药的毒性和作用以及混合在一起的效果，那么许多西医中难以治疗的疾病或许也能多一种治疗方案。这无疑很令人期待。

16121976

今天，顾老师从问题出发带领我思考。许老师让我接触了许多药学方面的知识。我第一次思考制药学如何与人工智能结合。作为一个材料专业的理科生，之前我一直觉得计算机参与化学反应的设计是新兴事物，计算机程序只不过是在不断地尝试，寻找最优化的路线而已，我没有什么危机感，我觉得化工行业人很难被机器人淘汰。但是今天听许老师讲课之后我突然意识到，现在的人工智能势头很猛，我不得不开始关注人工智能方面的知识，不然就像许老师说的："不会用AI的将会被淘汰。"顾老师的讲授给我的收获是提问必须要考虑两方面，即生活中存在两难，而且必须具有建设性作用。顾老师带来的文科思维方式让我这个天天埋在实验室的理科生眼前一亮。之前，我只会问一些专业方面的知识性问题。怎么提问真是一门艺术，我以后还得多多珍惜宝贵的课堂提问环节。

16121982

顾老师一开始以"医生该不该给病人治病"开题。这个问题其实非常容易得出结论，每个医学生在步入医师生涯时都要宣誓，这是流传2 000多年的确定医生对病人、对社会的责任及医生行为规范的誓言——希波克拉底誓言。因为这个誓言，医生必须竭尽全力地给病人治病，无关病人的品行如何。通过顾老师后面的介绍，我又知道了中医和西医的区别，中医治人，西医治病，中医讲究的是调理整个身体的状态，通过加强人体的免疫力来抵抗病菌，而西医"直捣黄龙"，通过药物来直接杀死病毒或细菌。许斌老师给我们带来了"干货满满"的药学知识。人工智能参与药物设计可以对未知数据进行分析、预测及处理，这样可以节省下来大量的研发时间。它同时在不需要实体分子的条件下对化合物进行评估，极大程度地降低了开发的成本，并且可以通过已有的数据进行总结与优化得出最佳的合成路线。但是我们可以发现现在的人工智能仅仅是大数据的堆积，它是各种可能性的集合，它并不真正的智能，它没有像人一样思考的能力，它只能发现已有但人还未发现的东西，并不能进行创造。

16121984

本期课程一开头，顾骏老师向我们提出了几个看似很简单甚至有点荒谬的问题，但经过老师的一番引导之后，我意识到我们经常会关注于问题本身而忽略问题背后的意义。其实这正是我们所缺乏的独立思考拓展思考的能力。我们遇到问题,除了解决问题,还要学会向自己发问,从多角度全面地思考问题。理学院许斌老师带我们进入了药物的世界。我们常常说医药行业是暴利,的确任何一个行业都有部分企业只是为了盈利,但更多是因为成本而不得不提高药价,这是药物生存的动力,研发者研发的基础,也是病人生存下去的支柱。为了解决这一矛盾,需要国家的支持,病人的理解,互相帮助才能让医药行业向着更好的方向发展。而人工智能在医药方面的帮助,由于其具备一定的机器学习能力,可以帮助科学家们优化合成路线,预测靶点,弥补人类缺失的大数据搜索能力,从一定程度上加快新药研发,降低成本。但是人工智能是无法取代研究者的,它终究只是一个辅助工具,因为人类最难得的是创新与克制力。这也让我们思考,应如何在科学研究中成为真正的研究者而不是只为成果的机器研究者。

16122317

　　从这节课的尝百草和现代制药,我想到了当今人们都十分关心的话题——中药和西药哪个更有效?从现如今的临床医学来看,好像是西药得到更有效更广泛的应用。但是我们也不能否认中药的重要性。中药,是指在中医理论指导下用于预防、诊断、治疗疾病的纯天然植物、动物、矿物类药物及其加工品。西药,相对于传统中药而言,指现代医学用的药物,一般用化学合成方法制成或从天然产物中提制而成。中药、西药的治疗方向是大体相同的,其不同在于中西药起作用的时间长短和对于疾病的针对性。中药的治疗效果更为广泛,适合较多病症的医疗,针对性相对薄弱。而西药在功能主治上具有较强的针对性。虽然西药的针对性好,但是其副作用大。中医认为是药三分毒,讲究"中病即止","效必更方",从不主张长期大量用药。几千年来,没有哪种中药因毒副作用被淘汰。只要辨证论治,配伍得当,中药几乎没有什么副作用。这样看来中药似乎又胜一筹。总的来说,将来西药与中药融合也是必然的趋势。

16122740

　　有病治病,这是每个人的第一反应。但,医生治疗的究竟是病还是人?生病了就该吃药,那药物是如何发现的呢?顾骏老师从几个小问题讲起,简单对比了西医与中医之间的差异。西医以外因为主,而中医则更注重于内在。理学院许斌老师为我们带来"药物创造与人工智能"。许老师以《西游记》中的唐僧肉为例,缓缓引入了药物的本质与作用机理。许老师通过制药的历史与研发过程的种种数据，让我们明白想开发出一种好药是件耗资耗时的事情。最后，以人工智能与制药为展望，通过大数据与算法，发挥计算机的自我学习能力，来快速筛选药物并优化药物合成路线。

16123042

对症下药，机器人也需要尝百草。顾老师用古今做对比，从古代中医到运用科技的西医，加以分析，引出了人工智能在医学方面的作用。人工智能的能量是巨大的，在医学方面，人工智能，可以用于制作新型药物，可以检测人体结构，等等。人工智能用于医学，我觉得会大大地提高医疗水平。人类也能攻克很多医学上的难题。不过由于过高的成本，人工智能还有很大的改善空间。

16123078

对症下药，机器人也要尝百草。中医玄而又玄，比如说吃啥补啥，老师说夜盲症，古人会吃羊肝。这真的是一个很奇妙的问题。医生该不该治恶人。像老师说的，好人也会做坏事，坏人也会做好事。我感觉每个人心中都有恶蛟，一个坏透的人也会有心怀恻隐的时候。而医生需要做的就是治好他们，让法律来判定坏人的罪行吧。

17121251

善有善报，恶有恶报。根据因果报应，恶人生病了就应该是他应得的报应。顾老师提出"医生该不该给病人看病"的问题，一个看似荒谬也很难回答的问题。救死扶伤是医生的天职，医生肯定应该给病人看病。倘若是这样，把坏人治好了，坏人就没得到报应。如果是医生不应该给坏人看病，只能给好人看病，那就要求医生要具备能够判断病人是好人还是坏人的本领。最后教会给出了两全其美的裁定。顾老师给了我们如何科学地提问题方面的指导。没有问题才是最大的问题。一个简单的东西背后可能蕴含着大问题、大学问。勤于思考，善于去发现身边的问题，提升自我解决问题的能力。许老师给我们介绍了药物创制的全过程。药物研发与创制是一个繁杂的过程，有了人工智能的参与，确实能够缩短一种药物的研发周期，大大提高药物研发的效率，降低研发成本。许老师讲的都是西药的研发过程，中药的研发过程并未提及，这也是一个科学界很难解释的问题。试想，如果通过大数据收集各种中草药物的成分及效用，人工智能通过处理这些数据（即使机器人"尝百草"），机器人能不能像中医那样去开处方，能不能体现中医的个性？！

三、对症试药，机器人也需"尝百草"？

17121463

今天的主题是治病，有病了就去看医生，医生给我们开药，可是药是怎么来的呢？顾骏老师从几个小问题讲起，简单对比了西医与中医，相对来说，一个偏向外部性，如病菌感染，中医则偏向于内部性，强身健体。西医是分子，中医是一种哲学，各有各的理论基础，也都有作用。两种不同逻辑下的东西，自然会大不相同。可中国这千年的延续，没有中医，可能文明就真的中断了。所以中医很有用，理性主义并不能解释一切。突然想起周六在文学院听的一个讲座，罗志田教授讲到，中国文化是一个早熟的文化，在还没有解决基本的物质需求时，就已经在思考一些后现代、后物质的问题了。中医可能也是这样一个范畴吧，我们并不清楚，但却已经能上升到一种道的境界，发展出一套理论，指导中医。理学院许斌老师为我们带来"药物创制与人工智能"的分享，从长生不老说起，逗坏了全场，什么唐僧肉、修仙、蟠桃，滑稽地引入主题：药物是什么？药物是怎么起作用的、怎么研发的？许老师分享的知识量极大，专业术语满屏，但都以我们能理解的方式来讲解，药物的靶向性、毒性的产生，知识间的联系紧密。后来则分享了一些制药的知识，辉瑞的研究，明白药物的研发原来如此的耗资耗时。最后则是人工智能与制药，发挥计算机的自我学习能力，优化合成路线。满满当当一堂课，我的感受是计算机真的好棒啊。说回正经的，之前没有想过中医与西医，只是偶尔会听到一些反对中医、说中医不科学的言论，可是什么是科学呢？科学的标准是定量，是可重复实验，是可证伪。而中医，则自然不满足这些标准，所以它是不科学的。不科学，但中医能治病，这就是最有力的回答。不要被方法论给裹挟了，科学之外还有更大的世界等着我们去探索。心怀敬畏，接受我们的无知与局限性，这样，才能收获更多。"中医黑"也可以消停消停了。

17121487

曾经我也思考过中医和西医的区别以及孰优孰劣，但总是不能令人信服，直到今天这次课顾教授的一席话，点到了中医的精髓。"治人"，不仅仅是这个病，更是这个人，仿佛又回到上一堂课的"治未病"上来。中医以经验为方，导致了中医在如今科学技术的发展下，却很难与人工智能结合。我们无法理解其原理，更无法给出它的药理，导致中药一直不能被国际认可。我们对生命，对自然，对世界的了解都还太少太少。

17121534

通过案例，顾老师教会了我们科学地提出问题。一是必须注意生活中存在两难,不要一厢情愿,也不能非此即彼,而是必须具有建设性作用,科学必须有利于增进人类福祉。二是治病还是治人的问题,比如南极科考队员为什么受冻却没有感冒?因为没有病毒细菌,相对来说,西方医学强调外部因素为主,中国医学强调内部因素为主,西医治病,中医治人,西药具有普遍性,中药强调个别性,医学和药理都不同,中西医不能简单类比。

17121986

经过顾骏老师对我们的一番引导,我们明白了其实是可以把医生和上帝分开的,如果医生尽力救治,治好了,那么说明这个人尚不至死。这种思考问题的方式和思维是我不曾有过的,这种问题可以锻炼我们的思维,拓展思考能力。许斌老师用专业的药学知识向我们阐述了人工智能与制药相结合的现状和未来期许,我知道了现在的人工智能在与人类专家进行竞赛时并不落于下风。人工智能是一把双刃剑,人工智能可以简化人类制药工作流程,提高制药效率,带来更高的商业价值。但是人工智能给人类带来的也有弊端,如失业率增加,贫富差距增大。将人工智能与制药相结合是大势所趋的事,两者相结合,今后的病症发现率和治愈率将会更高。

17122116

暂且撇开"医"的行为,在药学的范围内,我认为中药和西药本质上是相同的,至少从西药的角度,是可以理解中药的。如果去分析中药的化学成分,一定会找到一些中西医的共通之处,只是也许其价值并不高,于是并不投入研究。青蒿素就是一个很好的例子。生活中吃中药的时候往往需要服用大量的药剂,而西药只有几个小小的胶囊药片——或者说西药是将药材中的有效成分提取出来(或还要进行结构优化)制成的浓缩体。我对中医的体系不甚了解,但至少从药理的角度来说中药和西药一定是共通的(不论我们现在的科学是否是所谓的"真理",但存在即合理,中药和西药一定可以在一个体系中得到同理解释)。说起人工智能时代的制药,当下通过计算机对药物分子进行优化改造已经是重要的手段,毕竟对于程序化的运算来说,电脑的运算效率远远高于人脑。近些年各个学科的发展前沿都不是单一学科的秀场,而是多学科融合的结果,而其中最常出现的可能就数以电脑运算为基础的各类技术,而人工智能也随之进入研发甚至生产环节。而在生命领域,生物信息的发展逐渐转好,不仅"生物人"在做生物信息,也有越来越多的"计算机人"来做生物信息,前景广阔,却对大家的知识和技术水平提出了新要求。随着技术的发展,人工智能在逐步走高,我们的知识水平也在不断提升。

17122247

今天,我了解了许多平日里难以接触的事物。对症下药,机器人也需"尝百草"。不知从何时开始,人们对药物的理解便是:吃了这个药我就能好。然而事实却是,人类对大部分的疾病依旧是无法完全使用药物治疗的。中西药,并非只有微小精确的西药才是有效的,中药也自然有着它自己难以为人理解的道理所在。从一开始的对于医生是否应该医疗恶人这一问题到中药西药的问题。如果想要尝百草,必先知道什么是"草"。并非老祖宗的把混杂的药草放在一起煮就是落后。在医学这里,只要有效,那它就有存在的意义。作为一个生物工程专业的学生,我对药物的理解还是过于浅显了。一种药物的诞生实在是太艰难了。人类是非常精妙的生物机器。人类是非常奇特的微小世界。一点点化学物品就可以与相对应的一些受体结合,从而对这个微小世界产生难以想象的影响。在过去,我从未认为药物是多么高贵多么难以取得。直到现在,在了解了药物为什么难以制取之后,我才理解,药物之所以那么贵,那么稀少,有着它自己的理由:需要对人体伤害小,需要容易被吸收,需要有作用,需要能被排泄出,等等。这也让我思考着:人工智能能帮到我们什么? 从现有的科技来看,人工智能可以协助我们更快更好地寻找到我们需要的化学物品并且模拟实验,不但大幅度降低了成本,更让我们对这些化学物质的影响的理解变得更直观更明确。我认为人工智能是无法代替人类的。它们只不过是发现了一直存在但是人类未曾发现的道路。它们是聪明的,但是暂时,在短短的一百年内,它们想要拥有人类这样自主创新创造的能力,还早着呢。但是即使如此,它们也是我们在制药方面最好的同伴。机器人也需要"尝百草"。它们对于可能的药物的筛选模拟比人类的筛选实验要更为快速安全。机器神农一定会更好地为人类服务。但同时我也在思考着:治病,还是治人? 病与人真的无法共存吗? 感冒病毒依靠我们传播而存活,同时它们的毒性又不大,不足以杀人。疟原虫的毒性极大,但是它们也依赖着我们存活。有没有可能,通过人工智能的分析与人类的思考,寻找到更加合适的药物,使我们能引导病毒和细菌的进化成长,达到另一种治疗效果呢?

17122303

顾骏老师提出的刁钻问题总是让人倍感兴趣,是否救恶人这一问题尽管早就得到了解决,但其困扰了古代多少人多少年。西医其实也曾面临这个问题,不过至今西医的迅速发展已不可阻挡,在药物的研究创新方面西医取得的成就非常显著,不管是老药新用还是新药开发,对各种药的研究更加地快捷便利。

17122307

本期的主题是:"对症试药,机器人也需'尝百草'?"课堂一开始顾老师从治病这一点进行了讨论,概括来说就是:该不该治? 治什么? 怎么治? 老师提出了一个有意思的问题:中药是如何发现的? 其实我觉得要研究这个点,要从古时中国整个医疗系统的构成来研究,从郎中、药馆等这种为我们所熟知的与医疗有所关联的职业与设施入手,其背后的文化意义是什么? 老师说过古时中国人讲究效用不讲理论,对事物更多是知道怎么用而不是为什么能这样用。神农尝百草否? 这尚未可知。故事中神农吃了断肠草而死,从中可以看出其实古时在这一点和现代医学可能非常相似,如朱小立老师所说现代医学的成就都是靠一个一个病例堆砌出来的,古时可能也如此。但这只是对单一药物以及针灸的研究,中药的调配以及更深层次或者失传的秘方,这就不得而知了。其后,由许斌老师给我们简单介绍了药理学以及人工智能在制药方面的应用。结合两位老师所说,我对人工智能在医疗方面的应用,有了一丝愿景,无论制药还是看病,都还是需要活人去做检验的。虽说人体是个复杂的构造,倘若有一天人工智能能够模拟人类身体的数据,再通过制药算法,就可以研究出许多已知或者未知疾病的疗法,来减少在实验以及经验治疗法中出现的意外,从而造福人类。

17122319

顾老师讲中医主要治人,西医主要治病,中西医治疗有着本质的不同:中医治"本",西医治"标"。西医治"标"就只针对一个病症,研究病理,设计药物。而中医针对一个人,加强人的"免疫力",药因人而异。顾教授也讲了为什么中医无法被现代科学承认,其中一个原因是中医的基础理论——"气一元论"中的"气"没有明确的定义,更别说检测。许老师讲述了药物怎么达到治病的作用,讲了计算机辅助设计药物和人工智能辅助设计药物,讲了为什么是药三分毒,如何减小药物的毒性。现如今的人工智能可以找到现代科学已存在、但未发现的路线,无法无中生有。这就是现在的人工智能无法取代人类的地方。要让自己无法被取代,就要让自己有必要的独一无二的能力。

三、对症试药，机器人也需"尝百草"？

17122820

说起尝百草，人们首先就能想起神农氏尝百草的故事。不过终究是传说，是否真有那么一个人我们无法考证。顾骏老师从这个故事，引出了对中药的一些叙述，虽然时至今日我们仍然无法理解其原理，但是可以知道效果，否则也无法流传千年。许斌老师专业地对西方药学与人工智能结合的各种案例作了叙述。从中，我们可以知道许多人工智能运用于医学制药方面的实例，真正做到了对症下药。通过大量的数据文献，人工智能可以从已知的方法中选取最合适的合成药物途径，效率高，精确度高，帮助人类节省了大量时间。人工智能会不断学习，但同时是人类赋予了它学习的能力，所以在往前探索的路上，目前人工智能还得部分依赖人类。课堂上的几个问题，治病还是治人等，都拓宽了我的视野，不同的问题要分开思考。

17122906

这节课老师介绍了人工智能在医学制药中的运用。靶点的确定是新药开拓的突破口，AI可以发挥很大的作用。药物研发的第一个环节就是找到靶点，围绕靶点进行药物筛选，围绕结构改造优化，挑出优良的分子结构作为候选药物，然后进行系统全面的临床评价。现在药物的设计、药物的构造关系，可用计算机辅助分析受体、蛋白、免疫力的相互作用，寻找好的结构。许斌老师告诉我们，现在专门的机构在进行AI应用的探索，AI在靶点发现，还有新的化合物的合成，特别是分析分子结构方面可以发挥重大作用。我们要预先判断可能成为新药的化合物的安全性，涉及的因素非常多。有AI分析非常有帮助，特别是神经网络这样的软件，对药物研究帮助很大，能够大大缩短新药研究所需的时间，减少人力成本。

17123183

听了顾老师对中医与西方医学的比较，我觉得中医与人工智能相结合的困难之处就在于中医的很多原理都不是公式，不像西医那样理性，中医有一定的感性因素，对于同样的病人，不同的医者可能会用不同的方式去治疗，这些都是从先辈大量的经验中总结得出的结论。所以该如何让机器去诊断病症并配以药物或者相应的治疗方式，就是一个很大的问题，因为机器暂时还难以明白其中的病理因缘。而西医就很符合人工智能的胃口，运用大量的数据分析，然后根据生理学的知识储备作出论断，我相信未来的机器也能够像今天的医生一样，对症下药，完成西医的理论流程，但是这并不意味着机器就能完全取代医生，毕竟机器智能始终是建立在人类智能上的。我们国家的医学既保留了中医,又学习了西医,这种结合极大地扩展了医学覆盖的领域,形成了一种很有智慧的体系。

17123184

本次课程顾老师从"尝百草"展开话题,引典论今,从药到人,从人到社会。他重点讨论了善恶报应,并进行了辩证的论述。这让我明白,看待问题并不一定需要有明确的结果,有结果的问题就不是好问题。每个问题都需要多问几个为什么。所以到现在为止,我也不能确定到底医生应不应该给病人治病。但我还是应该有些倾向于医生是应该给病人治病的,无论病人是什么样的人。的确,中国古代文化是个奇妙的东西,中药应是个代表。我不懂药,但我希望以后能通过中药,来了解中国文化;通过药,来打开认知中国文化的大门。许老师从制造讲到人工智能,我确实听着晕头转向。但我晕的并不是思维方式,而是高深的制药方式。我深刻认识到,原来制药是如此复杂,如此困难,需要得到人工智能的帮助。但我们不是需要人工智能来替代我们进行制药研究,因为那是不可能的。人工智能或许只能解决人类能解决的问题,只是速度比人类快了许多,但终究还是人工的智能。希望以后科学技术尤其人工智能能够快速发展,改变当今的制药局面,为人类作出更大贡献。

17123471

这节课顾老师给我们分析了中西医的区别:相对来说,西方医学强调外部因素,即认为疾病来自外部感染源,所以主"治病"——以一种外部输入的方式;中医则强调内部因素,即人的自身状况,所以主"治人"——强调调理。西医治病,可以通过数据统计论证,所以具有一定的普遍性,相对而言中医则更具有个别性了。中药和西药孰更胜一筹的问题,从西学东渐之后就已争论了上百年了,很多人认为中医理论没有科学依据,将中医看作一种坑蒙拐骗的玄术,但其实两者是不能简单类比的。在许多疑难杂症方面西医不比中医,说明中医经数千年实践积累出来的经验也自有其存在的价值。许老师运用理科思维为我们介绍了人工智能和计算机算法与药物的联系,让我对AI与药物的发展有了一定的认识,让我拓宽了视野。

17127008

在我们的想象中,怎么也想象不到原来一种药物的研制要花费这么大的心血。通过这堂课,心中对这些研制药物的化学家产生了由衷的敬佩。正像顾老师所说的,他们研制一种药物就像在雕刻一件艺术品,而这

三、对症试药，机器人也需"尝百草"？

甚至比雕刻一件艺术品更困难，我们真的应该感谢像许老师这样的科学家为推动人类社会的发展和进步做出的努力。课堂的风格依旧是一半人文，一半科技，一半中，一半西。课堂上，老师给我们留了很多有意思的问题。通过这样的课堂，我渐渐对我们国家的文化产生了很大的兴趣。中国文化真博大精深。在感兴趣的同时，我也对我们国家的文化更加有自信心。顾老师告诉我们如果有谁能够发现中药是如何发现的，那就不是拿不拿诺贝尔奖的问题了。中药的产生有很大的可能还是一种经验的总结。顾老师给我们举例，中药中的通草可以用来利尿，众口相传，变成经验。我国文明从未中断，这样的经验就世世代代传下来，药王孙思邈等能人将这些经验总结成书，继续世世代代传下来，就慢慢形成了我们的中药体系。事实证明我们的祖先很善于总结，就像农历和二十四节气，都是我国的劳动人民世世代代总结下来的。我记得曾经看见过关于茶叶的发现的文章，也是一个人在茶树下烧水，偶然几片茶叶掉进了那锅水中，那人发现喝了这水口感不错，还有一定安神的功效，就世世代代传下来了。中国的文化，最重要的就是传承。中医文化应该也是对祖先经验的传承吧。

18170019

今天的课堂干货满满，尤其是最后顾老师提到的"新的发现"很有意思。课上举例的阿尔法狗与人类进行围棋对战的时候所使用的各种新套路其实算不上"新"发现，但是中药里各味草药混合后的那碗黑乎乎的汤，有着我们不知道为什么却出奇有效的作用，可以被称为"新"发现。那么在我们人类，以目前可循规律仅凭计算机算法可以实现的发现，是否已经称不上"新发现"了，那些我们无法解释，却又出奇有用的发现才算得上是"新发现"呢？自从计算机发明以来，很多以前被视作脑力劳动的事情已经渐渐地变成了体力劳动，而体力劳动大概率上会逐步被人工智能取代，这对于人类来说是不是一种进步？我们对未知的探索效率是否会更高？我们是否已经剔除了一些对"伪未知"的探索？虽然与本课程联系看似不相关，但有时候抛开方程来看这种理工问题也很有趣。

18120351

对于医药学我不是很明白，大致知道反应机理和反应物结构，它们都决定了药物的性质，从而决定药物的作用。药物的发现从这两方面展开进行化合物的构造和调配。其实还是方法论问题，正确并合适的方法才能正确并高效地解决问题，依靠一个个尝试来发现药物的方法，固然通过实践能够验证其正确性，但是效率低，远远跟不上病毒细菌的变异速度。

而只有正确并科学的方法才能事半功倍。我们能否研究一种可以自我进化的能够治疗疾病的微生物，通过生物体自我进化来使其能够治愈变化了的病毒？

18120410

中药的历史源远流长，但中药的起源却不为人知。古有神农氏尝百草之说，意图将中药的发现之功归于神农氏。但我们皆知，这不过是我们为未知找的一个答案，事实的真相我们无从得知，我也如顾骏老师般期待未来有人能找出中药的发现机制。"善有善报，恶有恶报，那么医生是否应该为恶人治病呢？"这个问题在如今看来是肯定的，医生之天职是救死扶伤，不应以病人的身份和自己的立场为转移。可放在中世纪西方国家的背景下，面对一个不为世风所接受的人，该不该救确实让医生为难。当我们面临两难无法抉择的时候，我们是否能想出兼顾的做法呢？许斌老师提到药物的研发时间长，研发费用高，即便研发成功也可能面临一系列的安全问题，而且易被仿冒，导致不能盈利甚至亏本。因此，在一系列的阻力下药物研发的进展较为缓慢。为了降低成本，人们有了用计算机辅助人类的想法。最近几年人工智能突然火了起来，人们便有了用人工智能辅助人类研发药物的想法。如果最后人工智能真的能发挥我们所期待的作用，那么一场药物研发革命也要到来了吧。

18120462

顾骏老师在课开始时提出来一个看似理所当然的问题，即：医生是否应该拒绝给坏人治病？在日常生活中，这样看似理所当然的问题一定还有很多。对于熟悉的已知世界，我们应该始终怀有敬畏和自谦。顾老师介绍了中医治人与西医治病的对应关系，引发了我们对西医和中医的思考。中医无法用当今的理性思维来解释，却形成一个自洽的体系，且有一定实用性。从这样的角度来说，斥责中医是伪科学是站不住脚的，因为它本身的思想就是脱离科学存在的，是另一种源自我们祖先的看待世界的古老方法。许斌老师向我们介绍了现代药物设计领域的概况。这确实是一个充满机遇的领域，很多方面的开发已不是人力所能轻易达成，需要借助人工智能的力量。我惊讶于这个领域与AI结合之顺利远超了很多其他科研领域。我也不禁感叹，属于人类的黄金时代我们还只能远眺，我辈任重而道远。

18120468

今天许斌老师详细地介绍了关于药物的各方面知识，让我对药物相关学科有了一个整体的认识。AI在药物中的使用是通过自我学习能力结合大数据进行预测、优化，那么AI生成的药物合成路线和对分子评估预测的结果是否具有知识产权呢？上学期"智能法理"的课堂上讲过了有关人工智能创作所引起的知识产权问题，我有点好奇这样的问题在使用AI进行科研的过程中是否也存在呢？在课后提问的环节，大家都十分关注顾骏老师在一开始讲到的中医发现逻辑问题。我的一点猜想：第一，有没有可能是华夏先民在很久之前找到了曾经存在过的人类文明（有很多考古发现暗示了史前文明存在的可能）留下的痕迹并从中获得启示，结合生活经验，在不断的实践中创造了中医；第二，会不会是华夏先民所处的那个时代的地球环境和今天有不同之处（或许当时太阳系在银河系中所处位置周围有特殊的物质），正是那个时代的某种因素使得当时的人们能够感知到今天所无法理解的元气和经络等中医概念。

18120484

　　顾骏老师的发问给了我很多启示。一个不算问题的问题，却引发了大问题。运用逻辑，使相悖的两件事物，最终相辅相成，并对社会的发展起到推进作用。许老师让我对药有了新的理解。我看到了药物研发的成本之高与付出的艰辛。正因如此，AI会在药物研发上带来怎样的可能，也成为我们探讨的问题。AI将如何运用它超强的学习与统计能力找出我们所需要的药物？它能否自我开发创造新方式？我甚至畅想，联合纳米3D打印技术能否让人工智能创造靶点结合物？运用人工智能能否把我们身体里的靶点都搞清楚？这节课让我畅想了很多可能。最后表达我对中医发现逻辑的一些看法。中医是建立在许多代人的实践基础上的科学，一代代的失败最终试出一个成功，再从失败中总结。其实很像人工智能一直寻找符合的参数，当它成功时，你也不清楚其过程，但最终的输出是正确的。

18121075

　　"若恶有恶报，医生该不该给病人治病？"今天回首当年的争辩是如此的匪夷所思，但也正是这一点，让我意识到想要理解过去的思辨，必须先将自己置于当时的文化环境中，否则是难以真正理解历史的。

18121494

　　从神农尝百草，到人工智能参与药物研究，科技飞速地发展，关于西医与中医的讨论从未停止。令我印象最深的便是顾教授说的，即使我们暂时不知道中药的详细机理，但只要有效，就是好方法。西医配药更讲求快速杀灭病原,但同样会带来许多副作用。如化疗,癌细胞与正常细胞同时被杀灭;中药凝聚千年文化积淀,各种药材互相搭配,以求将副作用降到最低,调理身体使之康复,但是效率却不及西医。中医与西医给人们两种治疗的方案,人们可以进行挑选。

18121525

西医治病,中医治人,两者诸多不同。西医更科学可见,中医虽不可见却也有效,并且正在进一步研究,两者虽不同却也可以加以糅合,相辅相成。医者仁心,医生不应因病人的善恶而区别对待,对于所有生命都应该予以尊重,予以治疗。

18121943

中医原始吗？但原始不是中医的错。一番话让我深有感触。关于中医能否被分析清楚,我们不能用西医的方式审视中医。在我看来,可以利用现有技术努力分析中医中药,搞清楚中医在四气五味、升降浮沉背后的理论基础,从而可以让中医不再原始。

18121980

老师们围绕"对症试药,机器人也需'尝百草'",带领我们从研究"未病""已病"到思考机器人试药治病。顾老师通过一个中世纪教会思想与医生治病救人的两难问题,带领我们从习以为常中寻找问题,鼓励我们去发问,去寻找问题,去思考,在两难中得到答案。许老师将前沿的制药现状展示在我们面前：从前期寻找可能的靶点,到临床三期测试,直至最终上市。最令我印象深刻的是关于中药的讨论。如今有很多言论都在谈关于中药的灰色地带,而这些言论都是在以西式的判别方式来谈论中药,进而抨击它;可中药历经千年却一直流传,而且具有其无法被言明却十分有效的特点,或许,真如顾老师所言,它有着独特的解释体系而我们至今都未能寻出其规律所在。

18122128

本节课与药相关。顾老师从中世纪医生该不该给恶人治病讲起,之后讲到治病与治人的区别,西医重治病,因此西药具有普遍性,中医重治人,因此中药具有个别性。西药关注病症,不管多少人都用一种药解决;而中药关注人本身,调理内在战胜病症。顾老师教给我们思考的方法,而许老师告诉我们知识。西药治疗有三大核心：西药的限定条件,如何发现新的西药,为什么是药三分毒。制药要考虑的东西非常多。人工智能如何融入医学领域？许老师给我们推开了这扇大门。人工智能目前最高效的便是数据的分析处理,它可以通过对世界上无数的案例病情的表征特性进行对比,看病诊断,分析病人病情,推荐服药方案。而制药需要一次次重复的实验,不同功能团的组合,人工智能也能进行虚拟处理,加快进度。不过人工智能目前的最大缺陷便是只能发现,不能创造。若这个问题得以解决,人工智能必定会迎来高速发展。

18122171

"医生该不该救恶人?"在我看来,这个问题的前提就不成立。首先医生就没有判断一个人是否是恶人的能力及权力,那么该不该救恶人这个问题自然是不能成立的,医生的职责只限于救人。许老师为我们讲解了与药物相关的知识,从药物的定义到原理到如何研究药物,我虽然在这方面毫无基础,但许老师风趣的授课方式让人听来并不会觉得无趣。

18122445

今天,课程将人工智能与医药学联系起来了。要不是课上聊起了中医,长这么大我也对中医毫无认识。老师一番话语,让我感受到了中医那种古老而神秘的力量。世界上有许多科学无法解释的事情,中医也许就属于其中一种。中医显然比西医出现得早,就像发现稻米可以吃一样,古人自然地发现了许多许多种可以治疗病痛的药物。太神奇!……有些纯属脑洞大开的虚构啊,无法解释针灸、脉络、气血那一类东西。人们终究是看西医的比较多,西医的治疗手段针对性强,又有不断发展的科学知识、科技手段作支撑,中医这一类很玄乎的东西渐渐不为年轻一代所接受。可是中药虽然难喝,它却能治很多西医也治不好的病呀。我们该去寻找中医的源头,也许只有那样才能发现中医的奥秘,才能让中医获得生生不息的发展。

18122961

西医是靶向治疗,朝着确定的靶点设计相应的药物,从而达到理想中的目的,并通过减少药物对其余靶点的作用减少药物的毒副作用。而中医则有些玄学意味,无法用现有的科学原理解释中医的道理,而中药更是千人千药,即使是同一个患者,不同的中医也能开出不同的方子,这就使当下的科学技术既无法解释中医的原理又无法模仿中医开出有效的药方。同样的,中医没有明确的靶点,一剂药喝下去之后,具体作用于哪个靶点不为人所知。这种随机性与不确定性也使中药之间存在着巨大的差异,包括它们的疗效、毒副作用等。人工智能暂时还不能参与到中药的工作中来,但人工智能在西药中却大有用途,无论是新药研发还是老药新用都离不开人工智能的帮助,但人工智能在药业的用途很大程度上局限于大数据处理。如何取得更多的有关方面的数据以及调和支出与收益之间的关系,应该是当下制药业人工智能发展的一大难题。

18123188

这节课让我们对中医和西医有了一个更加直观和深入的了解,让我了解了中医治人,西医治病的道理。与西医不同,中医更加强调对人这个整体的系统的调理,而西医更加注重如何解决某个具体的病因,从外来的病毒源去杀死病毒。尽管从目前科学的角度,西医很明显更加能够被接受,但是奇怪的是中医和西医两者却都有效,很明显中医的原理更加深奥,强调个体的结果是开药方因人而异,没有办法根据统计学来分析,没有大数据的帮助,人工智能没有学习的样本,无法为中医提供相关的帮助。西医却相反,不因人而异,这样就可以运用统计学利用大数据进行分析。制药要考虑的因素非常多,包括作用于什么样的靶体,会产生什么样的效用,药的结构应该如何设计,用什么样的材料和结构比较合适。这些学问需要研发人员通过实验甚至是经验去进行判断,而人工智能在学习了一定数量的制药结构和文献,还有相关数据后,便可以帮助人类进行设计,这样可以节约成本。若不用计算机辅助系统,实验的种类可能十分地多,成本很高,而且开发的时间也会非常久,甚至哪怕是上市了,也可能由于毒性等副作用退市,还要牵扯到赔偿等问题。总之这是高成本低回报的行为,而人工智能可以有效解决这个问题。老师还提出了一个老药新用的概念,通过计算机模拟的分析,我们可以发现老药的其他功效。这着实是一个不错的选择。

18123877

本周课程围绕"药"展开,顾老师讲述了关于药的思考,许老师则从专业层面讲述了药理知识。中医是我们中华传统文化的瑰宝,至于它的起源现在不得而知,而它的存在本身也很奇妙,几种不同的草药混合在一起就能治病,单独拿出来服用功效便没有那么明显。没人知道我们伟大的祖先是怎么发现这些东西可以混在一起的。而西医就很明了了,对症下药,成分一目了然,作用也很明显,这才是治病,而中医更趋向治人。或许在未来,我们可以用人工智能的机器学习来研制更多化学药物,但是想要研究中药,或许这条路更长,因为我们只有一个模糊的概念,想让机器去搞清楚概念还比较困难。现阶段的机器也只会执行命令,算法还是人编的。我们需要人工智能的自主学习来更好地为我们服务。

三、对症试药,机器人也需"尝百草"?

18124446

顾骏老师从欧洲中世纪医学伦理引入,启发我们去寻找中医的内在逻辑。他让我们理解中医自有其内在逻辑,用现代科学的眼光去看中医犯了方法论上的错误。中医自己的理论能够自圆其说,并且足够有疗效,这证明中医的存在是合理的。顾骏老师的观点强而有力,我受益良多。

四、
遥控手术，人可以让机器来修理吗？

时间：2019年4月15日晚6点
地点：上海大学宝山校区J201
教师：于　研（同济大学附属同济医院骨科主治医师）
　　　顾　骏（上海大学社会学院教授）

教　师　说

课程导入：

2019年4月1日，一位网红孕妇去世。她患有先天性心脏病，再婚，想再要一个孩子。她生下不足月的孩子，仅度过了几天快乐。如何对待生命？如何对待自己的生命，对待他人的生命，对待由自己创造的生命？站在网红孕妇的立场上，你会怎么做？站在网红孕妇配偶的立场上，你会同意吗？站在医生的立场上，你会怎么做？站在网红孕妇孩子的立场上，你会怎么做？生命是一种两难，选择是自由的别称，但选择就是责任。

学　生　说

13120002

今晚，课程主题是"遥控手术，人可以让机器来修理吗？"顾老师一开始就通过网红孕妇产子的案例来引导我们站在不同的角度来思考生命问题。有关生命的选择不是非此即彼的，无论是从网红孕妇自身的角度，还是网红孕妇配偶、医生、腹中孩子的角度，只有多维度去思考不同角色对这件事的态度，才能得到你想要的答案。于医生详尽介绍了手术的原理及发展、机器手术的发展以及机器手术的优势及短板。课程中还讨论了很多关于意识的问题：意识如何产生？换头手术是否能使人永生？这些问题都很有意思，引人深思。

15121509

未来，机器一定比人能够在医学上发挥更大的优势。但相比较人工智能，我们的优势在于人有情感。机器人只能作出相对较好的选择，人却可以在情感上作出选择，更容易让我们接受。未来，以人工智能去配合人类，在医疗方面未必不是一个里程碑式的进步。说到换脑手术，其实最终的目的也不过是想要生命的延续，生命的意义又在哪里呢？意识的存在是一个人生命的全部，如果意识消亡，这个人才是真正地走向了灭亡。回到第一课的永生话题，如果把一个人的意识转移到一个机器上去，是不是就实现了永生呢？今天顾老师说的网红孕妇故事，每个人虽然都有选择的能力，但真正到我们选择的时候又是那么苍白，我们要去顾及别人的感受。我不赞成她把孩子生下来，如果生下来我们便要给他一个美好的生活，可她做不到。今天课程很精彩，把我们带入选择、情感和意识的讨论中了。

16120003

首先，今天的课言简意赅，很棒。于医生从宏观方向介绍人工智能，给了我们关于永生和医学的启发，用满满的信息量打开我们的视野。这节课有几个问题。第一个是网红孕妇，这事其实我前几天就有所耳闻，她有违医生的专业提示选择了生产，最后在一年不到的时间里去世，留下了自己的孩子。首先她对自己的生命是不负责的，没有经过审慎思考，就毅然决定了畅快人生。她在临终前后悔自己的决定。她试图以自己的个性和生命力抵抗冷酷的数据和概率。其实她一定是冲着自己不会死，孩子会有一个母亲的出发点去思考的。于老师给我们带来的是未来世界的遥控医学——智能时代用机器人来监测人，给人做精确到点的手术。课堂上的一个个现实例子确实丰满而又让人惊喜。现代医学从麻醉开始，然后进行手术治疗，剖腹开肚。而麻醉的发展则经历了从早期笑气让人精神混乱的血泪史到后来接棒的乙醚，再一步步到无菌室的手术环境，防止感染。现代医学在一个个病历和研究的铺垫下，层层深入，到了今天能够微创，用各种腔镜，机器甚至微型机器人来辅助医生锁定病原切除病体。医学已经越来越科技化，变成一个综合性的交叉学科。于老师本人做的研究，无论是探索骨架替代的钢体材料如何更好地替代假体，还是利

用化学物质来让手术效果更好,都是在学科间寻求交叉点,在力学、生物医学、化学中寻求新的突破。今天最具突破性的信息是老师带来的人工智能代替人类产生意识的观点和例子。我一直坚定地认为人工智能是不能自己产生意识的,只是算法集合和优化的技术,即使有大数据,但它本质上不会思考,也不会问为什么,只是解决问题。但今天见识到Facebook和特斯拉汽车的AI对话后产生的欺骗行为以及智能音箱无缘无故的魔鬼笑声,可能是由于算法的问题,但前者更多地说明在学习的过程中算法自己在理解人的思维并仿造人的行为,这就是一种进化,欺骗就是一种在感官层面上和意识层面上叠加的作用产生的行为,有情绪又有意图。这样的人工智能我们是否要敬畏?!何况当今的大数据其实还不如一个人脑的数据储存量,如果数据随着技术的进步以指数形式无限增长,那确实不好说它是否会学习到一些不特定的东西。智能机器的替代已是日程上的事了,只是没有那么快。无论是达尔文机器人还是机器胶囊反馈数据,都是雏形,它对复杂情况的判断经验还有限,所以需要医生为主的操控。就好像达尔文机器人还做不到不用力的灵巧性和选择性。它需要数据的传输保证速度和效率,来实现实时反应,需要判断各种复杂情形来选择不同模式,还需要不断细化模式。人工智能来了吗?来了,但在路上,而且在很初期的路上需要解决无数的问题,以及其他技术的跟进,不仅是数据和算法,还有物理上的材料上的,各种学科综合的保证。现实世界太复杂了,但有了机器,我们确实看到了今后越来越便利的可能。

16121037

  顾老师列举的网红孕妇案例让我印象深刻。下课后,我便在网上了解了与其相关的诸多新闻报道。在众多评论中,批评占了绝大多数,而"自私"是主要字眼。的确,她"以爱之名"绑架了医生,自己生命危在旦夕,孩子的健康也受到了威胁。她的一个选择,牵扯出了多人的责任问题,带来了诸多隐患。我的心中还莫名涌起一丝担心,若媒体将这件事当作医学奇迹来宣传,那么势必会造成更为紧张的医患关系,甚至对某些绝对需要终止妊娠的孕妇造成极大的困扰。但在网红孕妇接受采访时,她又透露出"生命并非她所能主宰,希望孩子能够砥砺前行"的愿望,我又有些许感动。从感性的层面上讲,她的母性让人敬佩。总之,或许就如顾老师所说,生命本就是一种两难。我很难给出一个肯定的评价,毕竟事不在己,假想总来得不够真切。若非得给个想法,我认为"优生优育"总是有道理的,但这又牵扯出"放弃新生命"的话题。选择很难,一旦作出选择就要

四、遥控手术，人可以让机器来修理吗？

承担起责任。

16121253

本次课程，顾老师抛出了一个开放性的话题。从我个人的角度来看，这个母亲是"伟大"又自私的。伟大在不顾身体原因生产，自私在不顾及家人的感受，也不顾及孩子的未来。我认为这是个自我感动的伟大，不可取。生下孩子是自己的选择，可影响了一家人的未来。于医生介绍了科技之于医学的作用，我认为人与机器最大的差距就是"温度"。机器只会通过大量的分析权衡，从而作出理智上的最优选择，但人就会考虑更多的因素。说白了，这就是感性与理性之间的差别。人之所以为人，有着无可代替的复杂情感。无论科技怎样发达，也必须要以人为主，科技为辅。

16121439

今天，老师从网红孕妇生子的故事开始，引发我们讨论，开启对这次课程主题的思考。有人更加看重自己的生命，有人更倾向于遵从医生观点，有人则更加想要满足自己内心对生育一个孩子的渴望，每一个选择都无从指责，也没有什么对错，各人的选择不同而已。于医生讲解人工智能以及远程手术在现在医学中的一些应用，重点介绍了达·芬奇医生这样的医疗辅助设备，让我们开阔眼界，见识到了 AI 与现代医学相结合带来了更多的可能性。

16121862

网红孕妇案例的关键在于母亲需要有全面考虑、权衡利弊的理性，而不是像她这样单纯地追求感性的"自由"。于医生围绕生命智能和生命永续的主题，向我们介绍了中西外科医疗的发展历程，展示了当下人工智能在医疗领域的用途：微创手术、与 5G 结合的遥控手术和机器胶囊等。总体来看，人工智能还仅处于辅助人类的阶段，真正的主体还是人。今后，人工智能与医疗的结合是否还会更进一步？未来机器是否能独立地对人类进行手术？我认为还有很长的路要走。

16121899

在生物学中有一个观点：当生物体处于不可逆的逆境中时，它们会更倾向于用自己所剩不多的能量繁育子代，而不是保全自身。这个理论的对象是植物、动物，而作为高等生物的人类，这一点是否通用？DNA 中的遗传信息是否真的会诱导我们去完成世代相承？没有人能知道。网红孕妇案例的确发人深省，因为这涉及多方面的伦理问题。"以爱的名义绑架了医院、绑架了医生"，对于我们这些非当事者来说确实是一个比较客观的说法，而对于当事人来说，她的行为是伟大的。医学的进步在课堂上有了许多实例的阐述，医疗手段可以说是越来越精密化和交叉化，这一趋势让人们对未来医学的发展充满期待，学科交叉碰撞出的火花正是这个时代最精彩的科学特征。而对于人工智能在未来代替人类的可能性，没人能作出预测。Facebook的欺骗性聊天、智能音箱的诡异笑声……这些虽然令人毛骨悚然，但也不必过多计较，因为这可能也是偶然发生的事件，而非一个预兆的信号。人类势必在人工智能上越走越远，在自身不能成为"超人"的前提下，总要借助外力来帮助进化的发生。是福是祸，难以预料。

16121976

我一直很信任机器，觉得人在做手术的时候会受到很多因素的影响，就像老师讲的，医生的手会抖，操作也会受当天心情的影响。但是，听课后我感觉机器现在还停留在辅助治疗阶段，还要有人来监控。更重要的是人有情感，能够站在情理的角度思考，机器就比较冷血。顾老师今天的导入很哲学。"生命是一种两难，选择是自由的别称"。这个观点我很赞同，也让我受到启发。确实自己在面临选择的时候也是这样的态度，选择什么，有时候我并不在乎，我只是想把自己作的选择做到最好。既然走了这条路，就要放下另一条路的风景。老师问的谁有权决定婴儿的人生，我觉得有时候是谁选择的不重要，重要的是你要通过后续的选择来达到自己想要的生活或者弥补错误的选择，始终积极从容面对各种情况的发生。

16121982

顾老师先是以网红孕妇的事件引发大家的思考。站在不同立场上人们会得出不同的答案，这是因为每个人都是不同的。那若是让机器来思考这个问题，或许会有更直接的答案。上课时于老师提到的人和机器最大的区别就是情感。人会用情感来权衡利弊，得出利己或利他的答案。而机器只会用数据库来权衡利弊，如果不同的机器运用的是相同的数据库的话，这些机器会分析出相同的结果。今天于老师提出了新的概念，人或许为了进化会把自己改造成机器人。那问题就会变成，机器的人类是否会替代肉体的人类。在未来，由人改造而成的机器人不会替代肉体的人类，他们只会占很小的一部分，以供特殊的需要。通过于老师的介绍，我也知道了医生不仅限于完成自己的医生工作，这些工作量只占全部工作量的五分之一，更多的是要不断地研究来为自己的本职工作提供知识的储备和技术的支持。

16122740

　　人和机器最大的区别是,人有自主的思想,所以才会有自己的感情;反过来,机器的一切认知与思维方式都是通过事先存储或者是自我运算得到的一系列规则或是程序实现的,机器可以说是没有感情的,只能通过算出的最好结果来执行一切事情,所以始终达不到人们可以认同的做法。试问,当你的医生变成机器,你是否能放心大胆地把自己交给它呢?医生的水准,患者自己心里还是有一定把握的,而机器的执行力度大,不确定性也更多,所以这也是为什么现有的人工智能还不能直接用于外科手术。课程的最后,我们讨论了关于意识与思维的本质和意义。意识是思维的载体,思维是意识的产物。意识决定我们能否感知我们自身的存在,思维则让我们考虑我们存在的意义。而没有属于自己本身的思维和意识,终究不是所谓的真正的永生。无论是换头术,还是思维程序化的转录,只会让人更加接近于机器,而并非人类本身。这堂课,我们探讨了生命的意识,人工智能的发展以及对我们自身存在的意义,让我对这身边的一切有了新的看法。生命的存在,不只是为了延续,更是为了追寻生命的目标——创造一个更适合每一个生命存在的未来。我们也是芸芸众生的一个部分。上完这堂课以后,我们应该更尊重每一个生命,珍惜自己每一分钟的生命,去创造更美好的明天,无论是为了自己,还是他人。

16122858

　　我尊重网红孕妇,她独立且对自己的人生有着理性的规划,但面临生命的延续,还是要慎重,要在选择之前,问问自己承担得起这份责任吗?主讲老师于研医生的备课十分贴心,无论是涉及自己知识领域之内还是之外,都围绕话题作了精心准备,用一系列医学的发展作铺垫。谈及"换头实验"在将来是否可行,让我想起科幻小说《转生的巨人》。换头技术能否让人永生?如果人的记忆和意识都能通过大脑置换到另一个躯干上,人类就能永存吗?我想,如果换头手术在技术上真的实现的话,首批进行该手术的人会是谁?头是谁的?躯干又是怎么来的?大脑真是神奇,有这么多未知等着人类探寻。这节课非常生动有趣,也让我对硬核科幻小说产生了兴趣。

17120165

　　在这节课上我了解到了许多医疗机器在人体检查和微创手术中的运用,这些机器体积小、精度高,可以在给病人造成较小创口的条件下进行手术，搭配 5G 技术，甚至可以通过网络在千里之外给病人进行外科手术。当然，这些技术现在还有一些不足，如给医生的反馈不够，对网络延迟有极高的要求等等。我认为，在将来，将人工智能与机器结合，完全能够让机器独立进行手术。尽管现在基于神经网络的人工智能是通过大量训练以及依靠计算机大量的计算所建立的，但在未来当人对大脑的理解更进一步，能够提出更加高效精确的模型，能够使人工智能的智能更进一步，人工智能的能力便不会仅限于辅助医生进行治疗。

17120207

顾老师首先通过例子引导我们思考。手术机器人作为冰冷无情的机器，它不会有人类手抖的问题，若能够给予手术机器人大量的手术数据，机器人完全可以通过深度学习，达到自主手术的能力。换脑手术作为一种实践，不管它最终是否能够成功，仍然会有一定的研究价值。只要脑子还在运作，脑不死，依靠未来的脑机接口与大脑电子脑化，人类可以通过更换躯体来实现最终的永生，而换脑手术的实践是一次先行，这一手术无论是否成功，都会为未来的脑科学研究提供珍贵的数据。

17121251

顾老师通过案例引导我们站在不同的角度来思考生命问题。生命本就是两难，有关生命的思考本就不能一刀切，并不是非此即彼。于医生从自己所从事的骨科说起，让我了解到给病人看病并不是医生职业的全部，他们也有自己的研究及教学任务。当前人工智能在医学生命科学领域的应用趋势是以人为主导，人工智能为辅助。于医生讲了几个当今人工智能已经应用于手术的例子，以及向我们展示未来的人工智能应用于手术的视频，可以看出人工智能确实具有许多优势，具有稳定的特点。当今的人工智能应用于医疗方面的技术也并未普及，病人使用时需要支付昂贵的医疗费。相信未来的人工智能医疗技术将会更加普及，让普通老百姓也能够享受到优质的医疗服务。情感是人类医生与人工智能医生最大的一个不同点，人工智能医生可能只需要执行一行行代码，人类医生不仅需要扎实的医学知识来给病人诊断病情，还要适当地给予病人人文关怀。这才是人类医生的温度。未来的人工智能可能发展出超能的机器人医生，但它还是代替不了人类医生，因为任何一个病人需要的都不仅仅是一个会治病的医生，他们还需要更多的人文关怀。

17121463

今天，请到同济大学附属同济医院的于研医生，又一位青年才俊。课

四、遥控手术，人可以让机器来修理吗？

堂依然由顾晓英老师引入，介绍讲课嘉宾，每次的介绍都是好几页的PPT，列不完的成果和项目。顾骏老师的案例与思考——"伟大"妈妈网红孕妇，为了生孩子，而不顾自己的生命，这样做值得吗？你会这样做吗？你是配偶，你又会怎样决定？生命问题无小事，我的思考是：不会，因为医生的劝导，权威的不赞同，以及，最最重要的是我自己的生命和生下来的孩子。孩子是无辜的，他如何一个人走下去呢？也有同学觉得要自由，做一切想做的事即可。但我们都是社会人，不能完全地自由、完全地一意孤行。于研医生介绍了西医的发展，技术的发展，西方医学是如何一步一步发展出今天的高水平医疗技术。一个医生的成长成才是多么地艰辛，五年的本科，硕士再加博士，做到一个三甲医院的医生，很不容易。他们要对病人负责。最近我因为智齿要拔，跑了几趟医院，看到医院医疗资源大多都是要预约的。医生们不停歇地忙碌。而最近，更难受的是专业学习，难度一点一点加强，任务一点一点变重，每天都在赶截止日期。我想要放弃，因为不喜欢，也因为畏难情绪。可当我了解到医生的艰辛，才发现自己还是太安逸了。我要多花些时间在学习上，多上心，去找到自己热爱的东西，并为之义无反顾。

17121487

今晚，于研老师有一句话深深打动了我。一位同学提问：人类相比较于AI，在做手术的时候的优势在哪里？当时我自己想到的答案，包括医生有更多的经验，或者说有时候需要凭直觉，但我没有想到于老师的答案——人类与人工智能相比，唯一的优点就是我们有情感。我们不是冷血的机器，一切都用数据说话，机器会因为存活率只有1‰就放弃治疗以免浪费资源，但人类医生有同情心与责任心，人类的情感会让他们明知失败也会竭尽全力去抢救病人。这是医生职业的神圣之所在，人工智能可以轻易突破人类生理上的所有极限，但情感在机器上是无法产生并控制的。我愿意相信，有一天会需要机器人来做手术，机器人来辅助诊断，甚至作患病的风险评估并提出预防措施，但医生这个职业绝不会因为人工智能的普及而像流水线工人之类的一样消失，医生可以给病人带去人类情感慰藉。

17121534

我对老师提到的俄罗斯换头手术很感兴趣。2015年，30岁的俄罗斯计算机科学家瓦雷里·多诺夫从小罹患先天性肌肉萎缩症，每年身体情况都会恶化。因不堪忍受病痛的折磨，他想在离开这个世界之前拥有一个健康的身体，便同意接受外科医生卡纳维罗的头部移植手术，即将多诺夫的头部移植到捐赠者健康的身体上。我认为这与自然法则相违背，但患者自己遭遇的很多痛苦，我们没有体验过。听了很多关于机器医疗的内容，我最后的观点还是，机器可以帮助人类辅助医疗，但不能脱离人类，不能脱离医生。因为，人类相比机器，是有情感的。

17121695

  对于将人工智能用于医疗手术方面，我非常期待。一台手术下来，医生非常疲惫，他们不仅要站十几个小时，还要高度集中注意力对患者进行救治。我们也经常能看到做完手术的医生疲惫不堪地倒在医院走廊休息的图片。如果我们能将人工智能应用于手术方面，那不仅在精度上能有所提高，还能给医生们减轻压力。

17122093

  于老师就外科历史发展作了讲授，与同学们讨论了现在关于手术上一些机器的使用，给我们看了现有的机器检测胶囊。谈到人与机器的区别，机器人没有感情，只能按照它算出的最好结果来执行，但不一定是人们所需要的做法。当你的医生变成机器，你的安全交给了机器，但机器是真正安全的吗？所以这也是为什么现有的人工智能还不能用于大手术。我们探讨了意识的存在与大脑的应用程度，都说大脑只用了百分之五到十，但真的是这样吗？于医生给的解释是，大脑的其他细胞是给予这百分之五一个相对容易操作的空间。这样的百分之五我认为并不切实际，大脑的其他部分其实也在起着一定的作用，这百分之五离不开其他的百分之九十五。就这点结合意识来看，意识在目前就不可能存续下去了，就算意识能够移植到机器身上，你还是你吗？到那时，机器的意识是不是就算是到了真正的人工智能世界，而我们的意识是十分理智的十分冷血的呢？如果是这样，那与机器代替人类有何不同呢？我们的意识依旧不可能永存。我对生命、意识以及人工智能的发展又有了新的看法，收获满满。

17122116

  在于医生的演讲中，我们了解到了一些医学的前沿信息。虽然没有见过，但是医生与机器的协作听起来非常酷。"协作"是机器协助医生工作。于医生说了一个非常明白而极其有力的观点：人类相比机器最大的优点就是有感情。这世界上有许多事情是不能用理性去思考去决定的，比如人权就不该是理性的产物，而是感性的结果。人真正的消失也许并不是死去，而是在这世上再也没有人拥有关于他的记忆，就好像他没存在过一样。

四、遥控手术，人可以让机器来修理吗？

17122303

开头讨论的网红孕妇问题引发的大家的思考直入人心，从生孩子谈到各个牵扯其中的人的角度，又谈到选择与责任，哲学方面的思考让人深陷其中，最终绕回到人与机器在医疗人时所处的境遇及情感问题。于老师谈论医学上我们与人工智能有何种联系，机器修复人是否安全，是否合理，这不是几句话所能争辩清楚的问题，在这项技术还未达到那么成熟之前，我们要知道已经有些技术正在使用，而理论上有很大的可能性会在以后有更好的机器人去医疗人类。谈及永生的问题时，换脑，意识储存，编码去除和保留，想象力的碰撞给予我们更大的发挥空间。是否愿意，是否想去做，我们开始设身处地地去想。遇到这种事情，应该说对于这种需要去期待的事情，我的想法更多的是去尝试，去做一个愿意的人，有风险可是依然是我的选择。对于科幻的领域来说，过去看那就是不切实际，现在看是可以期待，未来看或许就是平平无奇，科幻所带领的人工智能正一步步走进我们的生活。而某一些虚幻的意识形态，其是否实际存在或许并没有那么重要，至少我们感受得到，有些东西我们找不到、摸不着，可是依然有其独特的魅力，这是世界的美妙之处，我们可以去探讨，去了解，但真的没必要被其困扰。

17122307

于老师给我们讲述了外科手术的发展历史，以及意识和大脑的开发。作为一个经历过许多手术的人，我更加关心的是手术的实效性和疤痕处理。在一定程度上机器还是不能取代人类精确的手术，只能加以辅佐，有些变通是机器人无法学习的。老师说情感是人类永远胜于机器的关键。我不完全认同，但我尚未思考周全。

17122319

如果人的意识可以上传了，可以重新克隆一个新的身体，重新加载意识，人是否可以永生？我想问：自己上传的意识安全吗？你加载的是你上传的意识吗？你上传的意识有可能被他人破解修改吗？

17122820

顾老师以案例引出了不同的立场，母亲的立场，其配偶的立场，在有意识能选择的情况下胎儿的立场以及手术进行者医生的立场，不同的立场有不同的思考。在这方面，人类往往更加感性，偏向于立足人道和情感的抉择，如果是人工智能程序的话，则会通过一定的计算和一些固定的指标比较得出结果。当人工智能站在医生的立场上时，它会计算手术的风险来判断结果,比如手术进行中发生只能存活一人情况,人工智能往往更倾向于利益大的结果。不过不管怎么样,我认为顾老师说的这句话很好地阐明了这种矛盾:"生命是一种两难,选择是自由的别称,但选择就是责任。"于研老师讲授外科医疗器械用药方面的发展,例如麻醉的发展,手术室的发展,到现在微创手术甚至是机器人参与的医疗,不局限于医疗的机械手臂,也有新的胶囊可以探测病人身体内部,5G发展远程操作手术……这让我们看到了人工智能和医疗结合的前景。课程中也讨论了很多关于意识的问题:意识如何产生?换头手术是否能使人永生?这一类问题让人耳目一新却也引人深思。换头手术固然是一种方法,但是同时也有即使身体真的可以更换,但是脑细胞依旧会衰老死亡的问题,将意识下载到机械中,但是意识是否还是本身的问题。这都需要科学与时间的进一步考量。

17122906

这节课顾老师先以孕妇赌命生子为例,让我们思考医疗的本质和意义:究竟谁有权决定婴儿的一生。于老师则让我们从一个全新的医生视角来看人工智能在医疗中的应用。我认为医疗人工智能虽然先进,但无法取代医生。智能技术虽然为医疗操作提供了许多帮助,但仍与人类大脑存在一定差距,尤其在深度学习理解能力上,人工智能远不及人类大脑。所以人工智能应用在医疗上本质上不可能取代医生,只能应用于医疗辅助领域。但是不可否认的是人工智能的发展为医疗科技进步提供了巨大的帮助。最后,我们探讨了意识的问题,什么是意识,永生是指意识永续吗?我认为,意识代表个体的独立性,它是主观存在的独特坐标,也代表了人可以认识自己的存在,可以知道发生的事情。

17123183

关于如何看待生命,不同的人总是有着不同的理解与追求,对生命的各种选择也不尽相同。很多时候,选择都会是一个极其艰难的过程。因为选择了一些,就得放弃一些,就看人们的价值取向在哪一部分。我们从中应该了解对生命的谨慎与责任,我们的选择需要我们负责。我们现在或多或少都开始依赖一些机器进行手术或是其他方面的治疗,可能还没有达到我们所谓的智能程度。我们的初衷自然是让机器来减轻我们人力的消耗,但是我们对机器的信赖程度却是一个问题。一方面我们大力发展人工智能,一方面我们又害怕人工智能的发展带来种种问题。最根本的原因就是我们害怕机器的"冷血"。情感是人类最宝贵的财富,也是人

四、遥控手术，人可以让机器来修理吗？

所以为人最重要的因素。我相信在未来人工智能一定能够超越人类的能力，但是依然很难有人类那种感性的认知，所以在选择人类还是机器做手术这个问题上，我觉得各人的想法不同，作出什么样的选择也都是合理的。

17123184

顾老师以如何对待生命引起讨论，并从不同的角度，医生、患者、亲属等的心理，对我们进行了引导。我也思考了许多，但最终还是无法定论。这个孩子到底该不该出生？这个问题牵扯的不仅仅是生命，更是人性，是社会。每个人的价值观都不同，每个人都有自己的想法，我并不是那个环境下的人，所以我无法想象该不该生这个孩子。生死抉择，考验的不仅仅是勇气与舍得，更是人性的本质。于老师以科学家的视野、科幻迷的角度，为我们介绍了医学史和医学技术的发展。就目前而言，人工智能的医学还是以人为主导，而机器只是辅助。我相信以后技术一定会达到，人工智能可以自主诊断，自主治疗人类。但机器永远取代不了人类的就是复杂的情感，因为，情感并不是通过多少数据，多少代码，多少自主学习就能拥有的。世界上的一切都是两难，不能因为害怕被人工智能取代，就不去发展人工智能。或许我们就是机器人的历史罢了！

17123471

顾老师引导我们思考选择的问题，告诉我们"生命是一种两难，选择是自由的别称，但选择就是责任"。在伦理层面上，谁有权决定婴儿的一生呢？事实上，没有人能替腹中的婴儿说话。在母亲或者他人进行选择的时候，应该考虑到孩子更长远的身心发展，一旦作出了选择，就意味着需要承担由此带来的责任。于老师围绕"遥控手术，人可以让机器来修理吗"这一主题，为我们讲述了手术治疗的机理（其中提到了曼陀罗、麻沸散的麻醉效果）、手术治疗的技术要求以及机器手术的优势与短板等内容。机器手术更精确细致，但机器并不是完全可信的，因此在手术当中需要用以人为主导，人工智能辅助操作的方法对病人进行治疗。最后老师提到美剧《西部世界》，带来了对可以无限复生的永生的思考。但我从这部剧中产生的感想是，人制造了AI，但一旦AI有了自主意识和反抗的能力，是否会存在最后毁灭人类的可能呢？（这一点也呼应了老师开头提到的机器人的诡异"笑声"，其实想想还蛮可怕的）

17123988

课堂上的换头手术还有骶骨的移植手术，让我觉得还是有些恐怖的。

在我们认识生命的内在结构的时候,我们没有发现意识、元气等一系列其他的东西,而把我们带入了一个全新的生命智能学科。我们从中医角度试着去找到经络,但是却失败了。但是经络却能很完美地解决我们身上的问题。经络或许就是人类的一种建模,也可能是世界上万物普遍的,因为许多的动物我们也可以用针灸的方法来解决它们发生的疾病。但针灸,可能用一些比较特别的方法才能够感觉到。现代科学只能不断逼近真相,但是永远无法到达。这样一种永远无法到达的境况十分玄幻。在机器帮助下,我们可能会对生命、对真相有进一步的了解。机器可能会明白中药的发现逻辑,但它不能告诉我们。或许这样的发现逻辑就是一堆乱码。我们可能因为交流上的欠缺而无法很好地形容机器所发现的一些全新的知识,正如我们没法用现代科学解释古人发现的经络一样。科学不能解决一切问题,我们却仍然在不断发展科学。这样会不会误入歧途?我们的古人用道这样的玄妙概念来解决无法抵达的真相的解释问题,这会不会才是接近真相的办法。而科学是不是最后达到的只是那个永远逼近真相却无法就是真相的点?真的有一天,我们知道了生命、智能的最终产生原理,这样真的好吗?在许多古代传说里,都是天机不可泄露,或许真相对人类、对机器没好处。对于这些玄幻的东西,我觉得用科学来解释接近真相的极限更加现实一点。对于人们有情感而机器人没有情感,我觉得在讨论机器人的问题时,或许要从它们的实际情况出发,为它们量身定制一种独特的情感定义。机器人没法理解生命,它们(他们)没有生命。没有生命的机器人在为我们做手术的时候,或许会觉得,看那帮傻子,又在担心乱七八糟的东西,不来关心一下我。在没有生命的情况下接受他人的托付,这本身就是比较疯狂的。医生也有生命,他们也是动物。他们会有同理心,会明白那份失去生命的痛,失去亲人的难过。机器人没有这样的感觉,它们从根本上就是与医生不同的。它们会好奇生命是啥,小心翼翼地去了解它。就如同在一个古老的部落供奉着一尊象征部落存亡的神像。有一天,一位冒险者闯进了丛林。他看见了一个黄金的雕像,却不知道它的真实意义,一不小心打碎了神像。部落因此消亡。机器就是那个不小心闯进来的人,它一无所知。部落的人把最珍贵的信仰的代表物交给了这位陌生人。陌生人从他的角度就觉得这是黄金。一开始,他也很好地保护着它,但有一天,贪婪的本性可能会使他摧毁神像。我们训练了机器,机器或许掩盖了它们本身的一些特性。如果有一天,约束机器的制度结束了,它们自由了,那么它们对陌生的世界、对病人,又会是怎样的态度呢？人固然可以让机器来修理，但是机器对于为啥要修理人、修理人的结果一无所知。至少在目前的情况下，人与机器还缺乏相互了解。但是科技会帮助双方了解彼此。多年后，机器蓦然回首，发现它们走进了一条叫科技的道路，碰到了原住民人类。而它们的导游人类正和它们并肩同行，为了那个玄幻的真相而努力。

17127008

我前两天才看过纪录片《人间世》，里面也有一个和网红孕妇有着相似疾病的孕妇赌命生子，最后孩子出生了，她却走了。其实顾老师抛给我们第一个问题的时候，我想到的更多的是我们对我们的家人，对我们父母的责任。我认为像这样的情况是不应该要孩子的，因为当我们因为要这个孩子付出生命的时候，我们的父母、亲人要承担太多，还有对这个刚出生的生命我们也欠缺得太多。于老师知识丰富，性格风趣。于老师是个科幻迷。不知是因为他读的科幻小说多还是他本人幽默，他讲的故事很能抓住我的注意力。其中给我印象最深的还是他说的：把人的思想下载到一个机器人的电脑芯片中，就能让我们实现永生吗？其实对于这种方式，我觉得是不可行的，课上有同学也提到下载的思想只是以前的思想，我们每个人都有自己的思维方式。目前任何人工智能都无法完全复制一个人的思维方式。即使拥有我们思维副本的机器人，从将我的意识移植给它那一刻之前的时间我们拥有一模一样的记忆，但是从那一刻之后，我们的意识就会开始产生差别。经过一段时间，那个机器人就不再是我，即使我们可以不断地下载和更新那个意识副本，但是当我们的身体死亡那一天之后我不再产生意识，而和我有相同意识的那个智能机器人还会继续存活下去，但是它的意识会和我的相差越来越远，经过一段时间后，它就不会再是我，所以我认为我们通过机器人永生还是不太可能实现。

18170019

网红孕妇案例很有意思。若是抛开"该不该生孩子"来谈，一个人为了某件事情可以无视生命危险，我会觉得这个人要不是癫狂的疯子，要不就是一个非常有主见的人。听老师描述的话，网红孕妇显然属于后者。对于我来说，就没有这个立场那个立场，我有的只有羡慕。

18120351

我认为对生命的态度最重要的是要认识到生命的内在巨大潜力和无尽的可能性，一只小小的蝴蝶都能够引起一场飓风，而每个人的决定，尤其对生命的决定，都会在未来的某一刻产生巨大的影响。我们无法预知未来，但是我们可以慎重选择，确保自己能够承担选择背后的责任与后果。人工智能参与手术，更多地在于辅助医生，减轻医生负担，提高手术效率和精确度，并减少人类的不确定性因素。人工智能的应用而产生的巨大数据库也能够更好地帮助人类认识自身和疾病，推动医学发展。未来，我们一定会从生物、机械和人工智能三方面综合来提高人类自身潜力的发挥。

18120403

　　于研医生详尽介绍了手术的原理及发展、机器手术的发展以及机器手术的优势及短板。麻醉学的创始与发展极大推动了手术整体的进程。身处21世纪的我难以想象，几百年前的患者是如何在截肢过后承受电烙铁接触伤口的极度高温，难以想象第一次正式麻醉手术进行时周围成百上千个人头如看罗马斗兽场斗兽一般看着患者进行手术治疗。我早已把麻醉以及无菌手术的操作方式看得习以为常了。牛顿说："如果说我看得比别人更远些，那是因为我站在巨人的肩膀上（If I have seen further, it is by standing on the shoulders of giants.）。"也许当我们朝着学术的康庄大道迈进时，不应该忘记对无数前人的辛勤心存感激。于医生向我们展示了最前沿的达·芬奇手术机器人。相比于传统的人工操作，机器操作的准确性、可靠性及精确性大大超过了外科医生。值得关注的是，机器人始终是绝对客观的实体。它无法与患者产生共情，无法站在患者的角度为他们做出选择。因此于医生最后提出的观点是——外科手术应以人为主导，以人工智能为辅助。顾骏老师通过网红孕妇的案例从不同的角度引起我们的思考，而一切角度的先决条件都是使母子的利益最大化。不得不说，同学们的初心都是纯粹的……只是站在孩子的角度，我愿意母亲将我生下。首先，作为一个可以发声的个体，我希望自己可以决定我自己的生命。我可以在母亲将我生下后自行决定是留在这个世界上，还是离开这个世界。堕胎剥夺了我选择的权利，从而剥夺了我的自由意志。其次，来到这个世界上，我拥有了观察世界的眼睛、倾听世界的耳朵以及感受世界的双手，这本身就是一种极大的幸运及缘分。若是还未诞生就死亡，这让多少美好的瞬间都化作泡影了呀。因此，我一定不希望还未开始就已结束。2016年美国大选，特朗普与希拉里为堕胎一事吵得不可开交之时，我亦曾考虑过这个问题。我完全赞同堕胎。我认为堕胎是女性自由的体现，却从未想过从孩子的角度去思考这个问题。这节课让我意识到了自己思维的局限性。

四、遥控手术，人可以让机器来修理吗？

18120410

上课伊始，顾老师以网红孕妇案例为引，让我们站在孕妇本人、丈夫、医生和孩子四方立场进行思考，引发我们对生命的认识。虽然很多人崇尚"我命由我"，但我们的生命并非独立于世俗之外，生而为人，我们需要肩负很多责任。人啊，既要自由又受约束，既要独立又需依赖。如顾老师所说，生命是一种两难，选择是自由的别称，但选择就是责任。只有在自我约束下才能享受最大限度的自由。于研老师提到中西方麻醉的发展史。中医早在东汉时期就记录有华佗的"麻沸散"，据说其效力惊人，遗憾的是后来失传了。再后来中医麻醉技术也缓慢地发展，不过远远达不到人们的期望。直至后来西学流进中国，麻醉技术才得到了迅猛发展。水的活性在于它有源头，而事物的活性在于不断有创新血液注入。中医后劲不足，才至其发展缓慢。而西医的系统化和理性使得学医的人更加认可。于医师也提到在医学方面手术机器人的应用和幻想，比如达·芬奇手术机器人、胶囊机器人等。其中我对胶囊机器人印象深刻，不仅是因为其存在性和可使用性，更是出于对胃镜的恐惧而衍生出的对它的期待。可是，这样一个"常用"的东西，为何价格如此昂贵？从嘴中吐出来和"一次性"更让人望而生畏。总希望这样的东西能够平民化，就如胰岛素般能够让人人愿意用、用得起。希望未来机器人医生能够得到很大发展。

18120451

顾老师的课堂引语每每让我们深入思考。孕妇固执的行为，仅仅从她个人的角度来看，似乎是她个人的所谓自由，无可厚非。但是个人的存在一定会和周遭发生关系，我们决不能忽视它们。只站在自己的角度考虑问题，必然会得出片面结论。这样的思考让我受益匪浅。于医生有关永生的话题，令我对生命有了更深的理解。设想有一天人类能将自己大脑的信息全部储存于一台机器上，使得机器有了我们的意识存在，并让我们的意识永久保存。这样的永生能否称之为永生？对我而言，生命的美丽之处在于它的创造力，生命是常新的，连续变化的。如果我们将处于某一时刻的生命化为数据存储起来，那一刻起，生命已经荡然无存。那变化多端、看不到尽头的生命线已经化为一个点，生命已经在此停止。

18120452

这节课的开始，顾老师由"996"谈及人们最关心的健康问题，由孕妇的事例引起了我对生命选择的深思。于老师对现代医学与科学技术融合的见解将我拉回了现实。我意识到面对生命的脆弱，人们不断追求至臻，虽与永生相去甚远，但却着实让我感受到人类的智慧。遥控技术，利用机器来为人类开刀，毫无疑问，这是非常大胆而又极具创新的一步，达·芬奇手术机器人、胶囊机器人等等，它们以其内部程序的精巧设计帮助进行手术判断。又因为这些机器不具备感情，充满理性，所以能极大程度上提高手术的成功率，而这些都不得不归功于 AI 引领下的技术革命。我们知道，永生必须以解决或者最大限度缓解确实存在的疾病为前提，可生命的特殊性却不可忽略，细胞的生老病死难以阻止。于老师提出基于 AI，移植思维的机器人可能就是人类得到永生的帮手。但这存在许多矛盾，思想的独立性与创造性并不能得到保证，可如果这些基本的要素都难以保证，谁又愿意去相信这永生的是自己呢？人工智能目前仍有一段很长的路要走。

18120462

暖场，顾骏老师与我们一起讨论了有关网红孕妇事件的四个问题。思考时，我最大的感触就是，无论处于何种立场，当自己的决定关乎他人的生命时，我的决定就不再属于我自己了。但是，很多时候，选择又往往陷入两难的困境。就从孕妇的立场来说，即使生下这个孩子也不能保证他的未来，甚至可能使他一生不幸。然而，如果放弃这个胎儿，自己又何来权利决定他的生死呢？于医生以一个科幻迷的立场，和我们畅谈人工智能之于生命永续的话题。如果意识信息化的技术真的能实现，那么由此诞生的机器人是否还是原来的那个我呢？我觉得既然信息是具有可共享性的，那么只要将人格副本复制一份，显然就会同时出现两个我。既然这两个副本是完全相同的，但又不可能同时出现两个我，那么结论就只能是，这两个副本都不是我。

18120466

今天课程问题很有趣：如果你是那位女士，你会选择生下你的小孩吗？以前我会觉得不生，那样子很危险，可能危及母亲和孩子双方的生命。但我现在觉得这是每个人的选择，而且更为重要的是你不能剥夺一个孩子活下去的权利。这个问题其实并不是想要我们争论谁对谁错，老师只是在用一种方式让我们去思考什么是生命，什么才应是我们对生命的理解与态度。于医生不仅丰富了我们的知识，还让我对医生有了更新的认识。医生不仅仅是每天在医院替我们解决病痛的人，更是位于科学前沿为人类共同的利益谋福的人。

18120484

在我看来，以人为主导、机器为辅的理念是十分高效且有可行性的。

人的应变能力加上机器的准确性和大量知识存储,也许会比单一的部分更强。这样的有机结合是1加1大于2的。目前深度学习的技术让我们也无法理解机器是如何获得这些参数的,当机器出故障时,我们无法进行纠错。在我看来,未来医生其实责任仍然重大,要有时刻可以纠错和应变的能力和知识存储备。至于婴儿的权利,我觉得可以讨论,但在当下众多女权和种族权利问题都尚未解决的今天,这样的问题有点哲学化。但我始终相信,生命最初的本质就是尽可能地生存和繁衍。

18121440

机械在手术中的运用,本质上与止血钳的运用并没有区别,均是医师实现目的的工具,只是途径的效率和结果不同。人工智能在医学中的运用仍很有限,固然如顾教授所说,计算机经过训练后可以自主诊断治疗一些简单的问题,但是较为严重需要手术的疾病往往是极为复杂的,同时又带有个体的特殊性,对这样的疾病的诊断需要基于病理学的纯理论分析和医生个人经验的自主判断。人工智能想要完成这样的任务,基于现在的理论和技术尚无法实现。个体的案例均是特殊的,训练的标准样本无法取得。计算机学习的过程是对算法的优化而非对知识本身认知的深化。

18121494

今天为我们带来演讲的,是一位与生命健康息息相关的从业者。于医生详细介绍了新型科技手段参与手术这一复杂治疗方式的前景,但也带来了另一个疑问:我们是否能够放心将自己交给机器?这一问题其实架构在信任之上,从患者与医生构建起信任的时候便是人们心中医生作为治疗权威的时刻,而人都可以在漫长的时代演变中将自己交给他人,我也相信随着时间流逝与科技的进步,人与机器之间的信任也能架构起来。医院中也会有更多机械来辅助治疗,这时候我们也将迈进生命的新一层次。

18121525

关于孕妇问题,我们可以从不同的角度分析评价她患病产子这一行为。我们知道,从不同的角度出发对生命的理解会有不同的结果,应该用不同的视角去评判。于医生谈了遥控手术,让人工智能帮助我们的话题。手术,从五千年前的第一例开颅手术开始到现在已经有了很大的发展。人工智能也慢慢融入了手术过程中,人工智能与人不同的地方在于是否有感情。医生被要求冷血,没有感情地动手术,在这一点上人工智能显然比人有优势。但是没有感情真的对做手术是完全有益的吗?我认为不一定。没有感情的机器不会顾及病人及其家属的感受,只会机械地动手术。人作为人,感情的存在使得我们能更好地顾及病人的感受,进而更合理地进行手术。人工智能有着常人无法企及的精确度。未来的手术应该更多地做到人与人工智能的结合,才能治愈更多的病人。

18121770

今天的问题围绕网红孕妇生育展开。这些问题都没有明确的答案,每个人都有各自对生命的价值观。这些问题训练了我们的思维,让我们站在不同的角度去思考问题。

18121980

顾老师从网红孕妇事件将我们引入,从孕妇自身的角度、配偶的角度、医生的角度以及腹中孩子的角度,多维思考不同角色对这件事的态度,将我们从对一件事物的单一印象、单一观点,逐渐导向转变态度,设身处地去思考,产生更多关于同一件事的不同观点,让我们更能领会,对于同一件事物,同学之间不同观点需要更多的包容性,要思考别人的思路是怎样的,为什么提出某种观点。于医生介绍了中西外科手术的历史,介绍了科技最前沿的手术仪器等。令我印象最深刻的是他所说关于人工智能的两个引起轰动的事例。亚马逊的AI在霍金去世后发出巫婆的笑声。Facebook让两台机器聊天,互相学习。它们从开始出现欺骗行为到机器出现乱码,让人毛骨悚然。或许它们真的在学习,产生独特的语言进行交流,如果这样的事情真的存在,人工智能的研究会否真如霍金所言呢?

18122128

今晚,顾骏老师讲了一个网红孕妇的案例,我的理解是选择有责任,你的选择会带给他人影响,而生命更是重中之重。我认为选择的权利大过生命之重。作为生命,我们不是作为一个只靠本能的生命,而是有思想,能够让理性大过感性的存在。我们必须尊重个体的选择,可以劝说,可以反对,但必须尊重且不予妨碍。再后来讲到孩子会对这件事有什么看法,我想到以前的一个笑话。孩子说:"你把我生下来为什么不问我的意见?"母亲答:"因为我要把你生下来才能问你的意见。"未出生的孩子还没有生命的选择权利呢。只作用于自身的选择是无法阻拦的,只能去支持,给予更好的条件。医学不断向前,不好的选择也能变为成功的选择。作出选择永远比不选择要好。于老师是临床的医生,谈到手术时能利用人工智能进行辅助操作,还是像前次课一样,指出人工智能目前只能进行数据采集分析,辅助医师判断,并不能单独处理一个手术,不管是远程手术还是遥控操作,都还是需要医师在旁边协作并做一些必要的操作。机械操作十分精细,老师说过,不论何时人都会有细微的抖动,在手术时细微的变化有可能会带来严重的影响,机械手术是非常有利的。现在的机械操作只是连接上相距很远的病人与医生,医生操作是需要手感的,需要人工智能的快速感知反馈能力,技术还在不断开发中。也许未来机械能独自完成手术,但我认为手术永远需要人类在现场,就算机器能够独立完成也一样,人需要能够插手并停止机械操纵的权利,毕竟只有人能了解人。意识及人的定义更是让我思考:到底什么才是真正的人?是身体加思维吗,还是只要意识存在人就算活着?用机械代换人体我是不认同的,身体非常复杂,那些我们认为没有意义的系统可能与其他系统有着联系。意识上传后两个意识经历的事情便不再相同,人永远活在未来,你说的现在已经是过去式了。那这两个意识还算同一个吗?当源本消失,副本还能称作源本吗?人的定义十分重要,记忆篡改后那人还是原来的人吗?作出的决定是自己想做的吗?你以为的自由选择不是人工智能安排好的吗?不断拆船换新,最后组成一艘新船的所有部件与原来皆不同,那这个船还是不是原来那艘呢?人用机械补足自身身体就像这个哲学问题:人到最后还是人吗?不过这个问题不重要,我们全体人类成了另一个种族后不是人也无所谓了。但最为可怕的便是有了新种族,而人却还存在,人与超人团体之间会产生巨大的矛盾。目前人类的科学到达了一个瓶颈,越过去也许是海阔天空,也许是悬崖万丈。我们在度过瓶颈前一定要做好飞跃万丈悬崖的准备。人类是划独木舟过海,前方都是未知,一切需谨慎。这节课我对知识的想法并没有很多,可能更多的是哲学人文方面的想法,看科幻与对未来思考方面的书时的灵感又回来逼我思考了,思考生命、意识、意志,但这样我觉得挺不错的。

18122445

开始,顾老师的暖场就抛给我们一个非常值得思考的问题,女性拥有生育权,女性也应当正确行使生育权。一直在被提起的问题大概就是关于意识的了,我一谈到这种哲学问题就觉得好像一直在绕圈圈,想着想着又绕回原点了。于医生给我们介绍了很多现有的和一些正在飞速发展的医疗机器。胶囊机器人最令我惊喜了,我觉得它有点像放大版的纳米机器人,只不过它是进入肠道的,功能可能也有限,贵,还不能循环使用……但是还是非常非常厉害了。一直以来,我都认为外科医生的手是金子做的,比金子还珍贵。我无法想象冰冷的机械手要如何发达才能取代医生的手,那种能随机应变地捏住破损血管的手,那种能灵活摸出病灶位置的手。很难很难。所以我认为,在很长一段时间里,人工智能还是只能当医生的助手,而不是直接站在手术台上做"主刀"。

18123780

今天,顾老师引用网红孕妇的例子引发我们思考"生命、选择与责任"。常言道:不自由,毋宁死。但是,自由并不意味着可以肆意妄为,一个人在"自由"地做一件事之前,要认真思考这种选择带来的影响以及是否能够承担随之而来的责任。

18123877

本节课,顾老师开头向我们提出了一个案例。我认为不同人有不同的回答,这个问题是不可能会有一个固定答案的,毕竟每个人的价值观取向不一样。但是交给机器人的话,这是一个没有感情的物件,它可能只会衡量双方的利益,看哪个利益大就去选哪个。我们生而为人,人是有感情的,但人人有别。于医生主要向我们讲述了一些医学的发展史,我不禁感叹,无论中西,我们的祖先都是很伟大的,而且这一路上充满了坎坷,也就是如此,医学才能逐渐完善。相对于人,机器自有其优点,超高的精度,准确地实施,这都是比人类强的地方,而且机器还可以减轻病人的痛苦,这都说明机器是有存在的价值的。但是人也是不可缺少的,毕竟机器还是人操控的,人工智能或许真的会成为医生最重要的工具。

18124446

今天的课程很精彩。顾骏老师的课程导入从哲学的角度引发我们思考。于研老师的讲解深入浅出,作为一个80后科幻迷,我们有共同语言。

五、器官置换,人也可以型号升级?

时间:2019年4月22日晚6点
地点:上海大学宝山校区 J201
教师:贝毅桦(上海大学生命科学学院副教授)
　　　顾　骏(上海大学社会学院教授)

教　师　说

课程导入:

　　讲一个兄弟捐肾故事。捐献身体或某一部分包括血液和骨髓等,必须由具有民事行为能力的公民自主作出决定,这涉及生命伦理。人是目的,不是手段。我的身体我做主。这还要看规则如何制定。生命是等价的,不因个人的社会价值而有不同。作为抽象理念的生命价值,高于其他。遇到生命问题的选择,同学们不要用功利主义的态度来看待。能否发明人造器官或者克隆器官,对于生命永续具有决定性影响。那么,人工智能是否就可以绕开所有的伦理问题解决器官移植的难题?

学　生　说

13120002

　　"兄弟捐肾故事"是一个伦理和医学共同的问题,换器官其实并没有我们想象的那么简单,而是一系列有法律界定的复杂关系。如果身体上的器官全都换一遍,只留意识以达到永生,你愿意吗?我觉得这个问题和我一直在思考的生命意义一样难以回答。

15121509

　　当人的身体被换了一身的芯片,那他还能被称为人吗? 在我看来,不是说仅仅这具躯壳便是我们,而是它所搭载着的我们的意识才被称为我们。一个人最重要的是意识,就像哲学家如何评价一个人的消亡,只有当这个人的一切都消失了,哪怕是人们心中的记忆都没有这个人了,这个人才算是真正消失了。如果说人被装满了芯片就不能被称为人的话,那么残疾人身体上有所缺陷又该怎么定义为好呢? 我觉得一个人最重要的就是意识,拥有意识才能让我们成为人。如果有一天科技发展到可以将人的意识转移到机器身体里面去,那我依旧愿意称他为人,他只不过是换了个躯壳而已。他还是他,从来都没有改变过。他或许是实现了某种意义上的永生。现在科技这么发达,发展这么迅速,我觉得未来也不是没有可能实现意识的转移。现在,已经实现了这么多的器官移植。未来,我们完全可以给自己换上一具机器的躯壳。

16120003

　　"器官被置换"应该是已知的科学技术里最先进和最贴近永生的了。第一个问题是顾骏老师提到的三兄弟捐肾救大哥的决策题。顾老师提到了生命平等、制度规则先行等概念。我能理解这种在面对生命的大问题下规则的确立和有效执行,能够最大限度保证社会的正常运作和公平,也是我们平等对待生命的态度。有个问题是,生命本身确实不应该被功利化物质化,但站在生命有没有价值的层面看,我觉得生命是能衡量质量和价值的。一定有一些可标的东西存在可以用来衡量我们的生命,尊重生命本身是一种态度,但是不是每个人都值得尊重是另一个问题。对于有智力障碍的二弟我不会用他的价值产出来衡量,我觉得他不管是在法律层面还是道德层面都不应该动他的脑子。但是三弟,一个应处死刑的人如果说法律没有剥夺他意志的情况下,我认为他需要为自己犯下的罪行赎罪,我们没有办法强迫他的意志,但我们可以劝服他。这是假设法律并没有规定死刑犯意志被剥夺的前提下……第二个问题是器官全开外挂换走我们还是我们吗? 首先我认为是的。举个例子:爸妈不会因为我们动了手术换了别人的器官还是血透换了别人的血,就觉得你不是你了,你是百分之多少的你。这个"我"其实是一种轨迹留下的形象过程,是记忆和积累,是过去所有的总和而不是一个躯壳。即使所有东西都换成不是原装的,你变成了一个机器代替的,但是你依然是由生物出发产生的。人有过去有思想,延续着过去的一切。更重要的是,其实这些东西不可能一下子全部置换成新的,它一定是随着功能的退化一点点转换的,它是一个渐进的过程,即使不换,我们人类也会随着时间变化,无论容貌还是什么,大家接受的都是一个变化的你,一个动态的形象。所以,只要这样的变化是渐进的就符合人的认知,被他人承认的你怎么会不是你呢?我们是活在对自己的认知和他人的认知中的,这个才是真正的存在,即使我们逝去了,但那个形象还是"我",经历的综合才是"我",独一无二而不是换个部件,失去生物特征,更何况"我"是一点点变化的,为什么可以接受精神的变化不能认同身体的变化呢?而现在就算整容,只要你不过分突变,旁人对我们的认知依然是我们自身,我们对自己的认知同样也是"我"。所以无论脑子这个壳换不换,身体换不换,只要我们是一点点成为当下的自己的,都不可谓不是自己。因为我们相信我是我自己,这个什么都替代不了,而造就"我"的意识的是过去,是总和。

16121037

"谁给大哥捐肾"让我印象深刻,其原因是这个故事让我意识到了自己内心悄然存在着对生命的"功利主义"。我同许多同学一样,认为临死的三弟或是有智力障碍的二弟应该捐,却没思考到其是否能够行使主观意愿这一层面。更根本地,我没能深刻意识到"生命之等价,其不因个人的社会价值而有所不同",的确有些惭愧。关于安乐死,我认为它的确是一个比较困扰人的问题。法律一方面规定了任何人无权剥夺他人生命,而对于允许执行死刑的国家,似乎又可以"合法地"剥夺他人生命,那么法律在这生与死之中又充当怎样一个角色呢?特别是,"生命之等价"又如何与判人死刑的"以其人之道还治其人之身"相辨别呢?我觉得如果能理清这其中的逻辑,或许对安乐死这种"帮助他人自杀"的行为是否应该合法化有所帮助。由于我之前曾上过贝老师的"生命脉动"课程,所以对干细胞、自体移植等名词已有所耳闻,倒是今天所讲的 AI 与器官连接让我耳目一新。总的来说,我感觉目前在器官移植方面革命性的突破还并没有见到,所讲到的人工器官,的确还存在着许多问题有待解决,特别是老师所讲的"结构容易,功能难"的问题我十分赞同,如何在细胞分子层面上实现信息的交流,这应该是实现其功能的重要步骤。最后一个问题:"器官成了外挂式,只保留意识,你愿意吗?"我会不假思索地回答"不愿意"。我的理由很简单,传说中 21 克的灵魂远不如 60 千克的躯体更实在,有分量、有温度的生命才能称为生命。

16121253

　　对于顾老师所提出的问题,依个人之见,人类是依靠存在感及认同感生活的。尽管身体器官都被替换,但只要思维还存在,他对其他人而言的存在就没有消失,他有着自己存在的价值和意义,所以我认为即便器官都被替换,这个人还是这个人。虽然我认同这个思想,但若让我选择是否依靠"意志不死"而获得永生,我的答案却是否定的。生老病死是自然规律,自古以来妄想获得永生的人没有一个能够得到善终,即使智如诸葛,也讲究顺应天时,更何况,只有意识存在的而搭配上"怪物"的躯体,不是像极了各种科幻片中为达目的不惜一切最终迷失自己的反派吗?

16121395

　　器官的置换,我认为在未来是一个必然可以实现的用于延长生命的手段。而顾老师所问的:"如果人身上的所有器官都外挂,那人还是人吗?"首先我觉得人是一种对我们这些高等生命形式的称呼,而另一个角度看,人之所以为人是人能表达自己的感觉、能做出所谓符合"人性"的行为,可以说所有美好的品德品质都是构成我们之所以能称为人的一部分。在前不久上映的《战斗天使》电影中,那个世界几乎每个人身上都有器官被替换成了机械,而主角更是全身都是生物机械构成的,但她是有感情是有爱的,是可以称作人的。而在现实中,我们也会对那些做出伤天害理的事的人说出"真不是个人"这样的言论。我认为人的定义不在于生命的形式,而在于他表现出的行为。

16121439

　　顾老师带领我们通过尿毒症捐肾这一事件作为切入点,带我们快速进入这节课主题的思考与讨论中。通过讨论我们更加清晰地意识到了生命平等的重要性。生命科学学院贝老师讲解关于器官移植在生命科学与临床医学方面的最新进展,其中人耳小鼠等夺人眼球的实验让我非常感兴趣。当所有的器官都被外挂,我们用什么衡量自己还活着? 我认为,人之所以活着,更多的是取决于他的记忆以及与社会上其他人之间的联系,这些东西才构成了一个人在个体上以及在社会上存在的意义与价值。即使全身都是外挂,也不妨碍我们作为一个人活在这个世界上。

16121862

　　顾老师开头讲述了器官移植的故事。同学们的发言其实令我有些震惊。同顾老师一样,我认为衡量生命的准则应该是高于一切的。也就是说,生命的平等只能用一视同仁的规则来规范。当同学们把人才或者是社会贡献作为评判标准放在第一位时,其实就已经否定了生命人人平等的概念。我认为当一个人所有内脏都成为外置体时,只要意识仍然保存,还算是一个人。这样的"人"现在看来是怪异的。但是在未来,当人人都开始移植这一类外置体,并逐渐成为一种常态时,人们也会开始接受。这可能成为时代的发展方向,就像上周于医生提到的《西部世界》中解释的,人类进化到最后可能就是像这样一类的"机器人"。

16121899

课程开始时,顾老师以兄弟三人为兄长捐肾脏作为切入,向我们阐述了人的生命不是功利主义的工具这一观念。所有人的生命都是平等的,圣人也好,恶棍也罢,他们的生命价值都不该被某一种价值观所衡量。贝老师所讲的器官再生以及人造器官令人精神一振。可以预测,在未来人类终将完善由细胞搭建的人工器官,使其具有完整的功能,到那时,医疗资源紧张的问题将会得到全面缓解。人工器官能够救助各种器官衰竭的病人,提高人们的生活质量,可以说是生物学以及材料学改善人类生活最直接的途径了。我基本上是接受器官"外挂"化的。因为人类目前的进化轨迹从各种角度都被证明是沿着机器化发展的,所以说"器官外挂"很有可能是一个必然的趋势。当人工器官发展到一定程度,它必然比人体内的器官来得更为可靠,因为它具有无限的可更换性。我比较担心的不是人工器官本身,而是人工器官连入"器官神经网络"这一可能性,即通过网络检测以及控制器官的运行,如果没有正确的监管,人工器官可能会反过来加害人类。人工器官的市场也需要规范化,否则就可能造成"赛博朋克"式的"高科技,低生活"局面:富人逍遥自在,穷人一贫如洗,阶级完全固化……可以看出,在所有器官都被"外挂"之前,人类还有许多路要走。而关于"我们是不是还是我们",我认为只要是意识存在,"我"的自身就是存在的。无论"我"的意识被如何保存,在肉体之中,抑或是在容器之中,甚至是在网络之中,"我"都是本我的存在。

16121976

顾老师留了一个很有趣的问题:"当我们身体上的器官都被置换的时候,我们还是我们吗?"我很期待自己全身器官被替换,甚至我可以将自己全身都进化成机器。我觉得生物体只是处在一个进化的阶段,本身是脆弱的,只是靠一些化学大分子堆砌成的。我们之所以有智慧是因为我们可以自己进化自己。将自己进化成为机器,保留自己的意识,实现人的永生,我认为是我们这个时代(可能是从我们所谓"生命"诞生的几十亿年前开始的)的追求,我们很有可能就站在这个时代的末期。我们的永生可能不远了。我们只需要拥有意识,甚至在未来意识也可以进化、可以储存、可以更换依附的物件,到时候我们也不需要占用很多的地球资源,可以有无限的空间,因为我们的意识可以依附于很小的物件上,这其实就是另一种意义上的器官被替换。我很期待生命脆弱时代的终结,生命与机器结合永生时代的来临。

16121982

顾老师在课上提出:"当身体的所有器官被替代,人还是人么?"首先要明确人的定义是什么。在文化人类学上,人被定义为能够使用语言、具有复杂的社会组织与科技发展的生物,尤其是他们能够建立团体与机构来达到互相支持与协助的目的。以这个定义作为前提,人即使是把身体的所有器官替换掉,无论是改成机器的还是外挂的,只要具有以上这个前提,那就可以称为人。在生物学上人的学名为"智人",人类与其他灵长目动物的不同在于人类直立的身体、高度发展的大脑,以及由高度发展的大脑而来的推理与语言能力。同理,尽管也提到了大脑会被替换成机器的,但是它仍具有推理与语言能力,所以也可以称为人。在哲学上,人被定义为理性生命。从以上三种定义我们不难看出,器官与人的定义并没有直接的关系。哪怕我们全身都被换了,我们也能被称为人。

16121984

生命是平等的。我们给人赋予了各种各样的身份价值和条件,与这个社会联系起来,束缚了我们的思想,最终生命平等变成了被忽视的问题。这是因为人类有情感产生的复杂性。在不久的将来,如果我们身体的器官都换了一个遍,那我还是我吗?我认为是的。器官只是工具,就算是功能最难以捉摸的大脑,我也可以有各种身份,我选择了替换,那么我就还是我。

16122317

我们都知道人和动物的最大区别不是使用工具,不是智力差距而是自我意识。直到现在人们还无法得出动物是有"我"这个概念的结论。可见自我意识对于人来说的唯一性和重要性。对于这个问题,我认为只要一个人的自我意识不变就还可以称之为人。贝老师向我们详细介绍了现代前沿的器官置换技术。当看到一种外置心脏和远程芯片操控人体的技术时,我被震惊了。可以想象这种技术配合人类基因编辑技术,让我们普通人得到像"复联"中超级英雄的能力也不是不可能的。

16122740

今天，顾老师在课上提出一个十分有意思的问题："当身体的所有器官被替代，你还是你自己吗？"我个人认为，这样的存在已没有任何意义了。对于一个人而言，自身存在的证明无非只有两个：一是你自己清楚你自身的存在，二是周围的人对你的存在留有记忆。当你身上所有的器官都被替代，甚至你的大脑、你的思想都是别人的。你自己可能不会在意，那么你身边的人呢？他们会怎么看待你这个被"替代"的人？人之所以存在，不是只是一味地享受所谓的快乐。其实，痛苦才是真正证明存在的依据。一味地替代，只是逃避。

16122858

很荣幸在上学期选过贝毅桦老师的"生命脉动"课，很开心终于能看到女性老师在人工智能这一方面谈及自己的想法。顾老师在课上给了个案例，竟然全班无一正确答案。四兄弟里只有顶梁柱四弟有条件移植肾脏给尿毒症的大哥，二弟有智力障碍，三弟死刑待执行，我们都没有考虑到，器官移植没有这么简单。一系列移植程序有着规定，只有具备民事行为能力且能自主做出决定的人才有资格。这涉及生命伦理这一高度的问题，"人是目的，不是手段"。同样反过来，三个地位不相同的人都需要器官的移植，该给哪一个？这必须按照规则，比如先来后到，还要评估各人病情等，作出最终选择。生命是等价的，不因个人社会地位发生变化，不能将社会价值置于生命价值之上。顾老师留下问题："当所有器官都被'外挂'，用什么衡量'活着'？"我认为是意识，这是人和机器人最大的不同，即对所有事件的发生都有对应的情感流露。当冰冷的机器替代了真实的血肉，只有意识的存在能证明我们还活着，能产生情感，用所谓的"人性化"方式生活。

16123078

今天的课程主题是器官置换，首先顾老师说到的是捐肾的问题，正确答案却是身体没有缺陷、家庭的顶梁柱才可以捐献他的肾。看问题看事情不能太功利。这给了我最大的启迪。

17120165

每个人的生命都是平等的。用一种合理的规则来决定先后顺序，相对来说对每个人更加公平，也是对公共医疗资源的一种更加有效的利用。我希望这种规则能始终把生命放在第一位，而不因病人所掌握的社会资源发生变化。老师随后讲到了人造器官的技术前沿，以及人工智能在移植匹配

上的运用。尽管现在的人造器官还不能完全替代器官,仅用于等待移植器官的过渡,但在将来有希望人造器官能完全替代原本的器官在人体内工作。意识不灭,人即永存。这样的人生比一成不变的自己不是更加有趣吗?

17120207

今天的课通过案例阐述人是目的而不是手段,还论述了器官移植的伦理以及规则。生命平等,只有拥有完全民事行为能力的人才能同意捐献自己的器官,而人造器官与人工培育的器官可以更好地解决器官的需求缺口。而随着技术的发展,人可以通过更换器官,更换更好的器官来享受更高质量的生活。如果能达到全身外挂,但人的意识能完美地转移的话,这样的永生非常好,一个人不仅可以体验自己的身体,还可能通过一系列技术手段来更换其他的身体。

17120351

前半节课,顾老师从伦理人文的方面向我们强调了"生命"的意义。顾老师提出了一个捐肾的问题,从价值衡量的方面来看,无论如何也该是判死刑的弟弟和有智力障碍的弟弟换给老大,但从人权平等的角度看,只有拥有人身自由和权利的老四才能捐肾。这提醒了我们生命本来该是平等的,不应用价值去衡量一个人。下半节课贝老师讲的器官再生和人造器官则令人精神一振。可以预见,这项科技的发展将在未来挽救许多人的生命。顾老师提出的问题:当所有器官都被"外挂",我们如何衡量我们还是我们,以及我们是否还活着?我很喜欢的一本小说里有这样一段:"我听人家说,那些吸过毒的人,大脑的生理结构会被毒品改变——这个说法听着挺瘆人,你想,如果经历、性格、教养,这些都是人身上可拆可卸的软件,那大脑肯定就应该是硬件了。大脑都变了,等于你从'超级本'一下变成了'小霸王',这具肉体相当于被另一个魂'借尸还魂',即使有以前的记忆,也不是以前那个人了。"这始终是难以决断的一个问题。很多人认为"我思故我在",强调人类的思想,如果思想仍在,则本我仍在。但我觉得,如果一个人的器官全部被"外挂",全身上下除了思想没有一处和先前一样,那就相当于把一个人的记忆植入另一个人体内——这是很可怕的。离了原先的躯壳,只剩记忆和思想,难免产生不适和茫然,这个人也会在漫漫时光里逐渐迷失自我,这也是为什么很多人反对通过器官置换维持"长生不老",因为这时已经不再是原先的那个人了。

17121463

今天的主题是器官移植,又一个尖锐的问题。每次顾老师都可以给我们提出一些看似稀松平常的问题，其实深入思考却没那么简单……贝老师讲述的器官移植，算是医学发展的一个前沿，但并没有想象中的那么跨越式发展，而AI也没能做到更多。问题依然很难解决，但总会有办法。想起郭永怀先生曾经说过："这个世界，没有爱达不到的地方；这个世界，没有科学达不到的地方。"最后想起忒修斯之船，更换了所有的甲板，它还是它吗？对人也是一样，所有的器官都升级后，你还是你吗？是的，船只有甲板，换了后不是原来的它，可是人有记忆，人还是那个人。我们本就是变化的自己，每一天都在变，但每一天我们的记忆和那玄乎的意识都在，是我们的，我们自己的。所以，我还是我，只是不再是原来的我。

17121487

如果我们身上所有的器官都被换了一遍，我还是我吗？我会愿意要这样的永生吗？人之为人，同动物的根本区别在于我们的大脑，我们有高于自身需求的思考、想象力与创造力，只要意识还在，记忆与思想还在，人就没有死。除了大脑以外的别的器官究其根本功能不过是为了生存，只有大脑或者说大脑里面的意识是高于生活的，所以我会愿意接受这样的永生。

17121534

目前，中国最高等级科研机构、代表中国科技高度的中国科学院将具有战略意义的"人类器官重建与制造"列入未来重点攻关重大科技项目，我国将在"人造器官"领域实现快速突破，为"人类永生"提供中国智慧和中国方案。但是，人造器官也是有一些问题的，一则人造器官带来的经济负担无法承受，再则我们无法预估人工智能的未来。还有很多其他方面的困难等着我们去解决。

17122093

课程刚开始，顾老师就提出了一个关于社会价值与生命价值谁更重要的问题。谁要捐出大哥需要的肾，从法律上来说只能是健康的四弟，但是从社会道德与人的现有价值来说，仿佛被判死刑的三弟与有智力障碍的二弟才更为合适。但生命的价值不能用功利心去理解，我们对生命只能存敬畏之心，就像现有的安乐死，人们之所以在安乐死这方面下不去手，是因为生命这方面还有太多需要理解和探索的。这与器官移植有一定的相似之处，如果按照社会价值的优先程度给人移植器官，那犯人、有智力障碍者的生命价值就不等同于人才的生命价值了，因此，在生命价值与社会价值的比较之上，永远只能是生命价值高于社会价值。贝老师介绍了现有的人造器官发展情况。正如顾老师所说,当你身体里的所有东西都可以升级、改造,那你还是你吗?你还是人类吗?你的意识是存在的,但你的肉体是用器械或是其他事物代替的。我认为,你可以是你。但你是否是人类,要到那个时代,看看那个时代的"人"的理解。或许那时候,人不再称作为"人",而是其他某种赋予新人类的新词语,那时的人可能就只剩下意识,但这样的我们依旧是独一无二的,我们依然可以称自己为人。

17122247

生命是什么?本堂课,顾老师一开始提出的问题就让我得以重新审视自己,尊重生命。在法律上有规定:捐献身体或某一部分包括血液和骨髓等,必须由具有民事行为能力的公民自主决定。在生命面前,每一个人都是平等的。但是从经济学角度来说,出现这样的问题是因为供与需的不协调。那么,如果我们的技术已经成熟到可以创造可用的器官去"替换"人身上有问题的器官呢?令人着魔的问题,又看上去似乎遥不可及。在过去的百年中,人类的科学进步的速度远大于过去的任何时期。人类在不断地追寻并且探求更多生命背后的真相与原理。贝老师的精彩讲课,让我们对这项技术的到来拥有了更多的信心。现在已经出现了一些机械设备得以辅助我们的器官去更好地运作,甚至是外挂式的辅助心脏都存在于世间了。这是一个最好的时代——生命的奥秘在不断地被我们探寻到,对于人类实现人造器官的使用替换似乎已经不是遥不可及的事情;这也是最坏的时代——伦理、道德,甚至是哲学问题在困扰着每一个人。随着技术的进步,我们甚至在进行着芯片植入技术的探索:我们将芯片植入我们的神经系统中,使用电信号让芯片收集并且传送到互联网上,与一个相对应的机械手相连。我们甚至可以使用芯片实现我们脑内的意识交流。再加上3D打印技术的不断进步,我们甚至可以去创造一个可降解的支架,然后打印上干细胞让它们增长,随后再移植到小鼠(这种小鼠没有排异反应)身上。总有一天,我们也可以将这项技术使用到人体上。与此同时,人工智能的助力使得我们能够更加精确、更加正确地完成器官打印以及"智能"人造器官。并且智能技术能够精确地计算出我们需要多少的药物去抑制我们的排异反应而不引起人体其他的疾病。但同时,我们也不得不思考,当我们身体的每一个部件都可以替换,放置于外面,当我们的体内所有的器官都被替代了,我们还是我们吗?对于这个问题的答案,我的回答是:是的。那么要怎么证明,我们是我们,我们还活着?我们还在思考,还在运作,还在消耗着能量。"我思故我在"。对于这些问题的回答便是:"我消耗故我在。"而未来,我们每一个人都变成了一台储存运转的机械人,除此之外便是让我们继续存活的法则能量。那么,这又与我们现在的情况有什么太大的区别吗?我们只不过是换了一种方式、换了一种环境存活。我们依旧是"智人"。拥有自我意识、拥有思考能力、拥有创造力、拥有智慧的"人""合成人""人工智能"?这个称谓,只能未来的人们再去定义了。但是最重要的是——我们对生命,要始终保持敬畏。无论是有机体还是机械体,生命的价值大于任何价值。

17122303

今晚的课程标题,依旧在吸引人的同时给人一种奇怪的感觉。好像是在说可以改得更加好听优雅,但没必要,因为这就是现实,理想与现实好像从来没有离开过课堂。在理想情况下更优秀的人才应该是保留于世来创造更多的价值,但现实又告诉我们生命从来都是平等的,只有在这上面平等了,才有资格去谈论其他层次的东西。老师举的几个例子中,选择救好人还是坏人,人才还是庸才,可是救的却是生命,又回到了那个起点。而谈及现在的器官移植问题,什么能移植,什么又不能,这是我们在生命的拯救过程中所达到的成就和遇到的困难。我们的技术同时在进步在发展,永生或许以后会成为一种可能。当人体全部"外挂"后,人还是人吗?我的回答会是肯定的。人,本来就是我们创造用以代表某个含义的。"我思故我在",我能意识到自己,我便还是我,人便还是人。

17122319

今天顾老师提出一个问题,假如我们的器官都可以当成一个外接设备连接到人脑上,如此获得永生,你愿意吗?我不愿意。如果这样,如何界定这个人是谁?我们可能有一样的外表,和其他无法分辨的特征。撞衫都挺尴尬的,更何况撞脸。难道还要给我一个 IP 地址,见面前识别一下,再交流信息(你和你的室友交流前必须说出你的学号或者是身份证号,确定你是你,你们才开始交流)。另外,器官外挂实现的话,人脑之间的相互连接肯定没有问题,我的隐私怎么办?如果器官外挂,假如这个器官这个时候我不用,我是可以将这个器官挂在网上出租?当用对待机器的方法来对待人本身时,就感觉十分别扭。在对待生命时,不应该采用功利主义,应该做到生命平等。

17122820

器官置换，人也可以型号升级？这是一个问句，给我们思考的一个疑问。首先是顾老师关于伦理方面对同学提出的问题，我们都从社会层面去衡量了生命的价值，却忽视了生命本身是等价的，捐献器官的行为是受到法律约束的，只有具有民事行为能力的人才能决定是否捐献器官。而后面贝老师的一系列介绍则让我们了解了人造器官的发展。当人只剩下意识而本身作为载体的身体全部被替换成机械制品的东西，"人"是否还能被称为生命？至少在现有法律层面，他无法被称为自然人，因为被称为自然人的一个条件是他必须具备自然生物属性。也许法律会与时俱进，或者说他可以被称为另一种生命形式，但是至少我现在并不承认这是人类。

17122905

谁给大哥捐肾？以及给谁捐献器官？顾老师用两个例子从伦理的角度让我懂得了生命平等以及规则至上。贝老师的讲解，让我了解了如今的人工智能在某些领域可以做到器官替换，未来的前景也会越来越好。但要实现这一承诺，就需要意识到存在偏见的可能性，并加以防范。这意味着需要定期监控算法的输出和下游结果。在某些情况下，这将需要反偏见算法来寻找和纠正微妙的、系统的歧视。但最根本的是，我们要认识到，照顾病人的仍然是人，而不是机器。我们有责任确保将人工智能作为一种可使用的工具，而不是人类成为人工智能的附属品。

17123183

中国人骨子里对自己的身体很重视，不到万不得已，没有多少人会去随意改变自己原有的身体。一个人虽然是依靠意志表明自己的存在，但是强行改变自然进化的形态，让我们的进化脱离自然演变的流程，也不知是好是坏。我的审美告诉我原有的人体是最为自然，最富美感与艺术气息的。这种美是任何机械化的东西都不能够代替的，哪怕它拥有极其强大的功能。我觉得他人以意识控制机器的这种生命形式也无可厚非，毕竟机器的产生是为了帮助人类完成更多无法完成的事情。有了这样的机器，人们或许能够拥有更多的生命长度和广度。他们的世界观可能与我不同，他们不拘泥于实际肉体的存在形式，他们把追求的重点放在意志能够最大化地表达。

17123471

"天才、普通人与罪犯"谁能获得供给有限的器官？我的第一反应是把器官捐给天才。但是随着老师的分析,我意识到我在不自觉中就带着偏见将生命划分了等级,用功利主义的思想把人的社会价值看得很重,而忽视了作为抽象理念的生命价值是高于其社会价值的,生命是等价的而不因个人的社会价值而不同。对于当一个人只有意识是他自己的,而身体等构造由机械代替时,他是否还是他的问题,我觉得已经不是了。"我"不仅仅是一个意识,"我"的每一寸肌肤每一个细胞都参与构成了"我",一个人应由其特殊的外在与内在构成。一旦身体全被零件所替换,特殊的外在消失,"温度"便失了,周身全是冰凉的东西,那么仅存的意识也就等于"无"了。英剧《真实的人类》中,出现过一个意识仅存在于主机内的本体,而这个本体费尽心思便是为了逃离主机,进入一个真实的肉体当中。因为只有这样,才能真正作为一个"人"存在。如果我只剩下意识,我便已不是我了。它只是一个意识。

17127008

今天,我了解到了美国一位科学家通过在自己的手里植入一块芯片,搜集处理了他的神经信息。通过他的神经,他操控了一只机械手臂可做出和他的手臂完全一样的动作。以此为切入点,顾老师问我们,如果将来有一天我们的身体装满了外挂,身体的器官都不是我们的了,只剩下我们的大脑,或者说只剩下我们的意识是自己的了,这样的永生是我们需要的吗?其实,如果科技真的可以发达到这个地步,它对于延续我们的生命无疑是很有帮助的。从医学的角度,也能为我们治疗很多疑难杂症,能为一些病人减轻痛苦。但这是不是真的有意义?如果都是外挂了,我也许不愿意。我会失去很多人生命中美好的感觉,甚至那个操控机器外挂的意识也并不完全是我的了。很简单,当我们看到生活中的美丽风景,我们会感觉到身心愉悦,那是我们身体的各种感觉器官和肌体特有的,当我们只是一堆外挂的时候,这些感觉会消失殆尽,机器不会有感受。我们吃到美食会产生味觉享受,而当我们全身是外挂的时候,也许我们根本不用吃美食,只需充电和补充营养液即可。这样的活着已经失去了生活的意义了。

18170019

"如果我们的身体可以任意置换,人又应该会是怎样的存在?"我觉得这很哲学。如果身体上的"零件"都可以被替换的话,人的界定就会变得模糊。当一个人除了大脑以外,其他东西都是外来的某种"机械",那不就是机器人了吗?那这又算不算是人类的一种进化呢?又也许在未来的某天里,那个时候的所谓的"人"看我们现代人就像我们现在看动物园里的猴子一样呢？细思极恐。

18120351

我觉得这跟在计算机内部造一个人的想法差不多，只不过一个是意识的复制，一个是在其之上还有肉体的复制。无论是人的机械化还是意识的信息化，都不可能完全复制一个人。人的意识是具有实践性的，对于任何的改变都能够有能动的反应。任何身体部位的改变都会影响到人的意识对于人自身的认知，即便只是植入微小的芯片。机械化和信息化只是人类追求永生的台阶，只是延长人类寿命使得人类能够更好地研究永生的问题，而最终还是要回归到对生物体本身完全依靠自身达到永生的研究上。人类本身的器官已经过几亿年的进化，是相对而言更加适合人类的。

18120403

什么决定一个人的存在性？顾老师今天根据贝老师关于人工心脏的介绍提出了一个有趣的假设：假如人的心脏能够被移植到体外，假如所有器官都被移植到体外，那么人的存在形式就仅仅成了意识本身。顾老师问我们是否愿意以这种形式获得永生，我的答案是不愿意。首先，当我自身所拥有的仅有意识，那么我便不能作用于外界，成了一个与世界隔绝的物质。马克思说，物质决定意识，意识反作用于物质。然而在这个设想中，意识早已不能对外界产生影响，只能被世界发生的现象所影响。既然我已经不能影响周遭的事物，那我的存在又有何意义呢？记得很小的时候看到一个故事，说未来的某一天，人类实现了将人的意识提取到一个"鱼缸"中永生的梦想。有一个人的梦想就是思考人生，于是他成功将自己的大脑放入鱼缸中，存活了1000年，将世界万物看透。突然有一天，他的曾曾曾孙在鱼缸边玩耍，一伸手，鱼缸摔在地上，碎了，什么都不复存在了。其次，这种情况下的意识真的还存在吗？意识本身没有体积，在空间上不能被度量；意识在假设中是永生的，永生即代表着时间这个概念不存在了，那么它在时间上也不能被度量。一个东西既然存在，一定有某种方式可以观测到它。但这种意识在时间与空间上都无法被度量，那么它本身便不存在了。我怎会愿意以一种不存在的方式存在呢？意识本身并不存在，它必须拥有一个如人脑一般的承载容器才得以存在。那么伦理问题又在这里产生了，既然拥有一个容器，就可以拥有两个容器共同承载。在这种情况下，两个容器承载的所谓意识还是一个人的"自我"吗？他们是单一的个体，还是已经分化成为两个意识了？不得不说，问题是无止境的。所能做的只是刨根问底,层层剥茧。

18120416

随着科技的发展,人类对人体的了解不断加深,人类了解到有的器官发生病变可以部分切除,有的则不行,只能整个替换,由此便延伸出"器官置换"也就是器官移植的问题。供体不足、免疫排斥等等,促使科研工作者寻找其他出路。体外机械装置、3D打印、诱导干细胞,未来自体移植不是梦。就连 AI 也来"插一脚",芯片连接互联网远程控制机械臂,大脑意识交流……听起来不可思议,但这些都正在实现的路上。今天,顾老师留了一个问题:当你的躯体内只剩下了"意识",所有器官都变成了"外挂",你愿意吗?于我来说,是不愿意的。当这个身体里什么也不剩,是否能被认为是一个完整的人尚不可知,当所有器官都成了冰冷的机械"外挂",身体的负重成倍增加,而且就目前而言,人类研制的器械精度总归是不如身体里的器官的。电子产品零件尚且是"原装"的比较好,何况人的身体呢!再者,当人的身体上挂满了"外挂",他的行动肯定是受限制的,失去了自由自在行动的自由,当是人生一个重大的损失。所以,我并不愿意给自己"开一身的外挂"来代替原有的器官。

18120451

对于器官移植我们都有所耳闻,但是其中的利益与纠纷、规则与伦理,我们大多数人都不知其所以然。顾老师的开场白不但引导我们深入了解了器官移植的伦理道德方面的问题,更是引发了我们对生命的深思。生命的价值并不仅仅是它的社会价值,生命是等价的,不因个人的社会价值而不同,如果我们把社会价值作为生命价值的评判标准,那么这将是对生命的亵渎。贝老师的讲课内容颇为丰富,让我们了解到时至今日,我们器官移植的手段和人造器官都得到了飞速发展,或许将来有一天我们每个人都能换上理想的器官,届时人类的生命可以延续很长久,甚至永生。那么问题来了,器官不断更新替换后,我能认为这还是原来的我吗?这样得到的永生还是永生吗?其实在我看来,这或许在那时的人们看来并不重要,不管器官怎么变换,生命仍然是生命,这就够了。

18120468

今天课堂一开始顾老师用器官捐献的案例再次引发了我们对生命价值的思考,生命价值是不能被社会价值和个人情感所凌驾和左右的。纵观整个历史进程,从器官移植的想法诞生到最初实践,从器官移植技术的萌芽到成熟,从移植到制造,这其中体现的人类不断超越、不断克服困难将梦想实现的精神非常令人触动。这也启示我们,只要敢想敢做,看似天方夜谭的事情也有实现的可能。顾老师提出"随着一个人的机器化程度不断提高,这个人是否还是自己"的问题,如果从物质的角度上看,一个人的身体内的物质本就是在新陈代谢、不断变化的,那么各个部位逐步被换成机器之后,至少在别人看来,这个人还是他(她)自己。如果从一个人物质上的存在和精神上的存在之间的联系来看,我想到了犹太经典《塔木德》上的一句话:"灵魂和肉体对人的一生负有同等的责任。"我们的肉体本就在不断变化之中,现在的我与以前的我和将来的我本来就是不同的我。一个人在时空上延续的过程就像一块橡皮泥,一边被改变着形状,一边被加入了其他的橡皮泥,新加进来的橡皮泥既改变了原来的橡皮泥,但也成了整体的一部分。既然我们能接受自己在时空变化中的改变,那么也一定可以接受被一定程度上机器化了的自己。至于我们是否还活着的问题,我认为一个高度机器化的个体是能够在与社会发生联系的过程中找到自我并继续活着的。另一方面,借用臧克家的名句:"有的人活着,他已经死了;有的人死了,他还活着。"一个人是否活着取决于这个人对社会的贡献和他自我价值的实现,如果我们对"活着"的定义仍局限于个人的生死存亡,那么某种程度上我们仍深陷"长生不老"的精神牢笼。

18120484

我很喜欢一些新潮的东西。就像阿丽塔那样的身体,我觉得很酷,也可以做很多人类以前无法做到的事。生命若是可以实现自我价值,其实什么形式并不重要。就像断臂的女孩拥有机械手臂后重获自信一样,若是可以因此获得更好的人生,为何不去追求呢?

18121494

今天顾老师提出的几个问题令我重新对自己判断的依据有了思考,人的社会价值真的能够如此草率简单地计算得出吗?显然不可以。我们以社会价值去判断一个人是否对资源有优先的享受权益时并不合理,我们对生命已经没有了足够的尊重,而是以一个个自我以为的量化指标来比较衡量,以判断他人生存的价值。人之所以为人是因为情感与意识的支持,只要情感与意识俱在便依然可以认定为人。如果仅仅用现在的认知去给未来下定义是不合理的,未来之时人们也可能会接受新的关于人类存在形态的定义。

18121943

当所有的器官都成为"外挂",我们又将如何衡量活着呢?如果我们身体的大部分器官都被置换了,都变成了外置设备,到最后只剩下意识来远程操控,那我可能就会认为那个所谓的外在的物质身体或许没有了存在的必要。与其将身上的器官置换一遍、实现所谓的生命永续,我更愿意遵循生老病死的自然规律。既然科技可以让我们的意识真实地存在,为何不让我们的意识脱离肉体存在于一个资源消耗更少的虚拟世界,这样既可以避免生离死别的痛苦,也能消耗更少的资源,留下更多的头脑。这时人的生命价值又会转入一个新的维度。

18121980

当我们只剩下一层外表,而所有的器官都进行外置"背"在身上时,我们还是我们吗?这是今天顾老师抛给我们的问题。我认为我们仍然是我们,为什么呢?器官、外表在我看来只是构成我们看起来是我们的因素,而真正使我们实实在在存在的,我觉得是我们的思想、做出的行为和与周围人的情感联系。就像当我们在脑中回忆某个人,轮廓总是模糊的,而他们做出的行为与带给我们的情感波动总是无比真实而清晰地存在于我们脑中,只要我们能继续给别人留下印象,我们就仍然存在;而在此基础上只要我们能够继续思考、继续有新的想法、持续地输出自己的观点,给别人新的感受与印象,我们就仍然是我们,只不过外部形态不同。在不影响生命健康下的器官"外挂",我觉得并不能改变我们,我们仍然是我们。

18122445

人类永生是不能靠人造器官来实现的。最需要确定的是当人重新更换了一个身体,这个人是否还是从前的那个,我想不是。我不认为意识不变,一个人的存在就不变。人类依附社会而存在,社会认为你不变,才能说你不变。意识完全复制了,先暂且不说人的思维是否和从前一样并如从前应有的轨道发展,那么你想表现出来的东西就一样了吗?更换了所有的身体部件,你还像从前一样处身社会吗?我觉得不可能。比如说,你生气了,从前你可能摔桌子砸椅子,现在你反射弧都不一样了,你很有可能一生气反射到泪腺哭个不停,时间长了性格就能媲美林妹妹了。又或许现在换了器官,肝火更旺了,打架斗殴也说不定了。所有的行为规范全部改变,那么谁也不能说身体不能影响意识,外在全变了,思维久而久之也会发生改变。谁也不知道你的意识是什么,它怎么想,只有你自己知道,可单单只有你自己并不能决定你的存在。

18123188

今天顾老师给我们提出了一个问题:当你身体内所有器官都外置,

你还是你自己吗？这个问题引起了我深深的反思，第一次知道人类还可以把器官外置，就像老师说的有一个心脏病患者，在体外背着一个有着类似心脏功能的装置来维持存活。我觉得十分新奇。那么当人类所有器官都能由体外的这些装置来代替，我觉得人就不是人了，变成了一个半机械化很可怕的东西。我觉得人之所以为人，就是因为他至少是纯天然的，有着一定的生理结构，至少是符合人这个物种的特征，有两个心房等等的结构，会有疾病的困扰，也有天生长相身高等等外形的差异。人可以说有许多相同点，但更有许多不同点，但是当有一天，每个人都是一身的外挂，那么人类不就同质化了吗？每个人都由这些外挂组成，也没有疾病的痛苦，而是机器构成，这还能算是生命吗？虽然生命有许许多多的不同的定义，但我觉得每个生命至少都是独一无二的，这种同质化的半机器结构在我看来根本算不上生命，这让我觉得十分可怕，也违背了大自然的规律，在我看来是不可取的。

18123781

人的意识才是人类存在的真正意义，离开了意识，人类什么都不是。只有建立在意识上的存在，才能证明人类真正存在。人的意识虽然虚无缥缈，但是又极为真实，人类靠它来感知世界，却无法在物质的世界里找到它。

18124446

忒修斯之船的悖论告诉我们，人并不是恒常不变的，人的存在如同一条河流。我觉得人不等同于意识，每一个人都是物质的；身体每一部分的缺失，或多或少地会对意识产生影响。某个人残疾了要换器官，我们会觉得他还是他自己；假如某个人要把整个身体都换掉，那么会有许多争议——很多人会觉得这个人还是他自己，一些人会觉得这个人已经不是他自己了。

六、
衰而不老，AI 如何提高生命质量？

时间：2019 年 4 月 29 日晚 6 点
地点：上海大学宝山校区 J201
教师：黄　　海（上海大学生命科学学院教师）
　　　顾　　骏（上海大学社会学院教授）

教 师 说

课程导入：

老，是一个年龄的概念，但是不能衰。衰，意味着身体状况下降，你就算不死、永续，有意义吗？人之所以活着，为了什么？人作为文化意义上的生命体，活着，就是可以实现自由意志，即"知其不可为而为之"。意义，首先是超越日常生活、日常追求的东西。意义，是社会范畴、文化范畴，是在人类集体生活中形成，大家公认的叫意义。不要把宏大意义与日常生活人为对立起来，应该实现彼此打通，让宏大意义获得日常生趣，让日常生活获得宏大意义。中国人或者叫中华民族，在这一点上是最了不起的。我们如何在日常生活中实现文化升华，这个永生才是值得追求的。

学 生 说

15121509

人们一直都在寻求长生不老的方法。智能时代，或许已经可以让我们长生不老或者老而不衰的方法。我们真的愿意老而不衰或者说长寿吗？我并不愿意，人的一生本就该是去体验，去随性而为，并不要为一些

世事所束缚。正如视频中身患疾病的人,他对生命意义的理解:专注于自己热衷的又能做到的。古人说,人生苦短,及时行乐。我们没必要去延长我们无意义的生命,而应该让我们有限的生命变得有意义。顾老师谈到意义。什么是意义?人活着的意义又是什么呢?挣钱并不是生命的意义,而是一种手段,去让生命获得更多自由度的一种手段。意义的存在让我们有着生存下去的动力。

16120003

老而不衰应该是所有人对永生最终极的梦想吧。老是年龄上的,衰是机能上的。要是青春永驻,健康平安,为什么不继续活下去呢?这应该就是生命的意义。我们为什么要活着?或者换句话说,活着给我们带来了什么?对我而言活着是新鲜感,是体验,是奋斗。老而不衰意味着我的时间线延长,但同时我有足够的精力体验更多的东西。如果我充实而快乐,何乐而不为?老而不衰延长了人生体验的生命线,让我们可以尽情地探寻宇宙的美好。它可能是痛苦的无限延长,漫漫无际,让人不珍惜时间,耗费自己的时间资本。毕竟当一个东西无限的时候,它不稀缺,想什么时候努力就什么时候努力。但是同时它也可以是资本,是外挂的礼物。谁不想长寿,而永生无非只是在长寿上取了极限。当然我们无法保证老而不衰的生活就是美好的,毕竟如果惶惶终日,只会虚度时间,而罪犯可能也因为这个技术不断地释放恶的能量。怎么用资源?这永远是个人的使用问题。永生就意味着不快乐吗?我认为未必,我可以和相爱的人在这种条件下永远活下去,如果是个人的永生,我可以体会一个个不同的情感故事,而不成为一名渣男。我可以有很多的爱和故事,但不违反任何伦理;我可能成为好几辈人的家长和丈夫,但我只会是两个人的子女,这本身就是美好的传承和爱的传播,生活的体验和爱的滋养,不能因为失去就偏颇地说痛苦。毕竟如果在永生的层面上,你的爱可以被放得很大,希望也总是存在。失去就重来,重来就是开始。如果永生、老而不衰之下我们对这个世界提不起兴趣呢?这个时候安乐死即一般地放弃生命,就是一种选择和自由。老而不衰不代表我们会快乐,我们可能孤独和失落,可能厌倦,但归根结底是我们自己的心态影响着自己。技术上延缓人体衰老,更多像在基因层面的操作。其一旦实现,绝对解决了人生遗憾中最大的一条——相爱不能相伴。遗憾不能重来。永生给了我们第二次说道歉的机会,健康保证了我们基础的快乐,青春是活力希望的象征。如果这些都做到了,我们就应该珍惜生命的机会,积极地好好活一回,而不是沉浸在如《金刚狼2》中英雄迟暮后至亲离开自己的绝望中。我们看到的应该是在旺盛生命力背后自己有异于常人的机运和收获的成就,看到对人类社会的责任。相信人一定能适应寿命的增加,因为在百年前人的平均寿命仅仅是今天的一半,我们难以想象百岁的样子,但今天我们看到希望了,耄耋也不是那么特别。长寿的标准会变,人适应环境的能力比自己想的还要强。

16121037

人终有一死,为什么我们还要活着?这一话题让我在课后思索良久。我有些许沮丧,因为我们似乎从没有真正拥有过选择的权利,就如余华所说:"最初我们来到这个世界,是因为不得不来;最终我们离开这个世界,是因为不得不走。"然而,我又激励自己不能沮丧,因为极端一点来说,人无法避免活着,除非自杀。到目前为止,生活经验告诉了我两件事情:一人生苦乐无常,二从中构建意义可以让我们活得好受一些。正如顾老师所说,我们不应将宏大的意义和日常生活人为对立起来,而应实现彼此互通。很多时候,一些假大空的言论,如"人生存在着一些伟大的境界,活着就是为了去发现它们",往往阻碍了我们在日常生活中去创造和构建意义。所以,细细想来,我们似乎又有得选。我们可以选择放弃、沉沦、颓废,这是更轻松的一条路;也可以选择面对、思考、发现和创造意义,这是更辛苦的一条路。生活很难,有意义的生活更难得。从古至今,人类始终把生命永续当作终极目标,但毫无质量的老而不衰是否有意义呢?答案是否定的。如何加入智能技术,进一步提高生命质量,将会是一个重要话题。

16121253

对于长寿是否舍得?若是为了长寿就放弃对生活的享受,那我认为,这样活着也是折磨。长者们需要一种陪伴的感觉,我们只要去听就好了。意义,太难了,为一个词语赋予它所存在的内涵,是要大家公认的。

16121395

生命的意义在于延续。许多生物就如飞蛾和昆虫,它们的一生就只为了繁衍后代,为达到这个目的它们甚至可以放弃进食。但对于人类来说,生命的意义只会越来越复杂,因为人类有比动物更丰富的感情,有比它们更完整的社会结构,除了传宗接代,人类所做出的贡献和事迹都将被铭记,这就是证明人生意义的重要一点。但这是对于社会来说的。

16121862

是否愿意为延长生命放弃一些东西?我认为生命的长寿并不是人们

最单纯的追求,人们追求长寿的目的是有更多的时间去追求生活带来的享受。如果仅仅只是为了长寿,而去放弃生活的享受,那就失去了延续生命的意义。黄海老师讲到人类衰老的原因,以及人工智能如何帮助人类延缓衰老。两位老师其实都归结到了人生意义的问题。在我看来,生命的意义分为很多种,其中最基本的是对自我意义的实现。每个人对生命意义都有不同的看法,只要能够达到自己认知的目标,那生命对自我来说就不会失去意义。总结来看,生命的延续要伴随着价值的体现,否则毫无意义。

16121899

我认同顾老师的说法,即"赋予普通的东西特殊的含义";但我又觉得意义取决于每个生命个体自身,而非老师说的完全是社会意识形态引导的产物。每个人随着他的阅历提升,在不同的人生阶段会有不同的"意义论",而非一成不变。正如孩童觉得手中的玩具是有意义的,他赋予了玩具"快乐"的意义;而成人则觉得玩具不过是玩具,玩具对他的意义则是"给孩童带来快乐"。用个人对生活的理解定义事物的含义,这是我认为的"意义"。然而更多时候,你认为有意义的事并非由你的个人意志所决定。抛开吃饭、睡觉、繁衍等"本能",事实上还有许多行为是由基因所触发的,非自主意识的产物。比如对许多东西的喜好与厌恶都是基因决定的。而人类之所以能在各种物种之中脱颖而出,就在于人能够赋予普通事物以价值。人类赋予了"火"以"烹饪"的意义,才有了熟食;赋予了"木"以"支撑""庇护"的意义,才有了房屋;赋予了"书写"以"传承记载"的意义,才有了书籍……所以,不断赋予事物、行为以意义,正是人类的进步之道。

16121976

讨论意义这件事很没有意义。不要把宏大意义与日常生活对立起来,应当让宏大意义获得日常生趣。我知道什么有意义、什么没意义也没什么意义,有时候我们也知道什么该做、什么不该做,只是看自己有没有意志去践行罢了。

16121982

我们要专注于自己热衷的事情,通过不断完成这些事情来收获喜悦以及获得成就感。然后,我们要选择与高素质的人来往,一个人的社交圈一定程度上决定了那个人的人生高度。最后要不断进取,充实自己的生活。这让我想起了在动漫中看到的一句话:"Plus Ultra!"还有更多的东

六、衰而不老，AI如何提高生命质量？

西值得我们去体验，我们不能满足于现状，而是要通向更远的地方。
16121984
我们需要构建一个和谐社会，更需要有自主意识坚强的人去构建这个社会。AI在抗衰老方面更多的是帮助研究者建立精准医学，量身定做，使得技术更完善。我希望有一天，当技术达到可实现梦想的高度时，我们也可以托得起这个梦想。
16122317
生命的意义是我们一直在追寻的，不能用生命的长度来量化这个概念。但是你一定要给生命找一个意义，那或许就只能是活着本身，而要衡量谁的生命"更"有意义，则是谁能活得更久。这种"活得更久"并不是我们说的"永远活在某些人的心中"，生命只能活在自己那里，无法活在别人的心中。活在别人心中的，是别人的大脑创造出来的"相"，那不是你。而"活得更久"也不仅仅是用固定的时间刻度来计算的，一个在黑箱里活到了18岁的人，不能被称为成年人，也不能叫"活"了18年。所以我们说的活得更久，应该是在活着的时间段里，经历的体验更多。活着，是活着的唯一意义，而体验，则是检验活着的质量的唯一标准。老师让我们看到那位在TED上演讲的17岁孩子，虽然他的生命十分短暂，但我们一定会感受到他对生命的热情，这样来说他的生命是有意义的。喜欢这样一句话：每一天都是你剩余生命中最灿烂的一天。
16122740
何为意义？意义的本质是什么？这个问题本身就很有意义。意义，本身是无法像描述物质实体一样被直接定义的。一件事情的意义，每个人不一定能够说得很清楚。但是每个人都能主观判断这件事情是否有意义，或是具有什么样的意义。而这件事情本身，它无法说明自身的意义。所以，意义是由人来决定的，而不是意义生来就有的。所谓一千个人心中有一千个哈姆雷特，对一件事情的意义来说，亦是如此。每个人的经历和认知造就了每个人对意义的理解是不同的，所以意义是相对的，而并非是绝对的。意义与事情本身没有什么关系，但对所有参与和了解这件事的人会产生直接的影响。意义具有普遍性。因为意义本身不受事情经过的影响，意义具有独立性。意义本身于我们，有什么意义呢？如果我们不去考虑事情的意义，那么我们做的任何事情都是没有意义的。意义的存在，就是为了让我们去思考意义，让我们成为一个理性的人，从而不会犯错。人一生绝对不能犯两个错误：一个是原则性错误（即违反常理和人性的根本错误),另一个就是不能重复犯错。而思考意义,就能直接或间接地避开这两个错误,从而让我们更有意义地活着,去思考意义本身。这难道不正是最有意义的意义吗?

16122858

顾老师问我们:"课程的一半过去了,是不是对生命有了不一样的认识?"答案是肯定的。在这门课程之前,我对生命的认识是比较功利的,现在我对生命有了更全面的理解。有意思的是,黄海老师不约而同地讲到了生命的质量、生命的意义。顾老师课上讨论了长寿的秘诀:为了健康长寿,愿意放弃生活的享受吗?这就涉及一个问题:人活着为了什么?是自由的意志,可以自我决定,不被束缚。生命的意义又是什么?意义是个很难定义的词,意义又是一个文化、社会范畴的概念,主观的快乐并不全是有意义的,真正的意义还是要与社会、文化相联系,重要的是,不要把宏大意义和日常生活人为对立起来,要让两者相通,让宏大意义获得日常生趣,让日常生活获得宏大意义。黄海老师播放的TED演讲让我感触颇多。当下如何活得有意义?要专注于自己热衷又能做到的事情,让身边充满高素质的人,不断进取,充实自己。

16123078

两位老师所说的内容最终都殊途同归地说到了一个人活着要完成的是自己活着的意义。顾老师首先说到的,是孔子所说的知其不可为而为之。我感觉这句话总结得极好,但我也喜欢孟子所说的一句话,虽千万人吾往矣。一个人生命的意义更多的在于奉献,而不在于利己。意义在于一种超脱?视线更广,角度更高。不局限于自己或者亲近的人,愿意做一些出于人文情怀,为他人贡献的事情?这好像有点广而大了。意义又或者是那些做了事情,感觉自己有所值得、有所满足的事情?

17120165

如果为了延长生命的时间,需要放弃一些生活中享受的事物,我觉得是不值得的。如果拿生命的厚度去换生命的长度,以没有乐趣的日子来换取更长的生活时间,那可以说是一种本末倒置。人追求更长寿的生活本身就是为了从更长的生活中汲取更多的乐趣,现在反而放弃乐趣来获得更长寿的生活。生活的意义并不是这一生要干出许许多多的大事才能说这是有意义的一生,生活中每一件平平凡凡的小事虽然说意义很小,甚至小到几乎不可见,但每天都踏踏实实地干好每一件事,也能从中产生巨大的意义。

17120207

今天课的主题是老而不衰,的确,人的永生如果是衰老的永生,那是毫无意义的。但若要让我无法享受生活,这样的永生,又有啥意义呢?黄老师所讲的内容是关于延缓人体衰老的技术以及 AI 在相关方面的应用。AI 可以作为一个倾听者来缓解老年人老年生活的孤独。而人生之价值,作为一名计算机科学专业的学生,我认为,如果有朝一日我的名字能够进入教科书,那么,我就实现了我人生最大的价值。而人生的意义,不仅是实现人生价值,还有享受生活,钱财外物仅仅是实现人生意义的手段,而非最终目标。

17120351

每个人心中对生活质量与生命意义都有着不同的定义。中国第一位女实习舰长韦慧晓谈到她的价值观时说:"一块不贵的手表,因为我戴过了,所以身价百倍!"自我实现就是她的意义。"人烧成了灰,成分就跟磷灰石差不多,并没有什么值得敬畏的,为什么我们要把它当回事?为什么每年头尾都有个年节作为始终?……为什么合法同居除了有张证之外,还得邀请亲朋好友来做一个什么用也没有的仪式?因为生死、光阴、离合,都有人赋予它们意义,这玩意看不见摸不着,也不知有什么用,可是你我和一堆化学成分的区别,就在于这一点'意义'。"无论是老还是衰,都只是表象,生命真正的意义在于其内涵,是七情六欲,是生命的深度。一味地通过医学手段延长生命长度和广度,而无视深度,是对生命的违背,不能徒有科技而失了人文。

17121251

长生不老,你愿意放弃什么?由这个问题再不断深入,人之所以活着,为了什么?人为了活着而活着,显然不能实现自我的生命意义。平凡的日常生活不应和宏大意义对立起来,日常生活依然可以得到宏大意义的升华。课堂上讲的"庖丁解牛"以及欧阳修《卖油翁》寓言中的"我亦无他,惟手熟尔"便是鲜明的例子。黄老师则从人是如何变老的讲起,介绍了人工智能在减缓人类衰老方面的应用。最后两个老师殊途同归到生命如何活得更有意义。虽然人工智能的应用能为延长人类生命的长度做贡献,但是我们每个人都要去思考如何来拓宽自我生命的宽度。《明朝那些事》中写道:成功只有一个——按照自己的方式,去度过人生。做一个真正的自己,活出自己的价值,这才是自我生命意义的本真所在。

17121463

依然是顾骏老师精彩的开场："你愿意为了长寿而不冒险不剧烈运动、不吃不健康的食品吗？""你愿意为了更长久地活着，愿意做什么呢？""为了活着而活着吗？"一堂探讨生理健康的课程，由此升华为对生命、对生活本身的思考——生活的意义和价值到底是什么？顾骏老师说，人作为文化意义上的生命体，活着就是可以实现自由意志的存在，如孔子所说"知其不可为而为之"。之前的我一直认为，意义都是个人赋予的，后来顾老师的一句话让我记忆良久，"意义都是文化赋予的"。是的，人的意义都是在文化框架下所赋予的，是集体生活的产物，只是每个人会有不同的选择，但每个人不可能脱离文化和时代，人是不可能完全独立的。而生活，此时便应该和那些宏大的意义打通，不应该背离甚至是对抗。了解到，中国文化，原来一直就提倡生活本身和人性本身，生活中可以有宏大的意义。这一点，反而是西方不如我们。如"庖丁解牛"般地热爱生活，把生活艺术化，烟火气就是最好的升华。黄海老师主讲关于人体的衰老的一些机制和应对方法，内容很翔实，像一篇一篇硬核的论文。最后老师播放的TED视频很是震撼。苦难到底可以给予人什么呢？意义和价值吗？苦难本身我觉得没有意义，有些苦难发生了，比如车祸，虽会让你更加珍惜生命，可这样以后的生活质量就可能变差，可能缺胳膊少腿，可能梦想无法实现。有意义的是那些让你可以收获更多的苦难。生活应该有享乐，也会有苦难，苦难把你打倒了，便一切都失去了意义。究竟什么是有意义的生活呢？什么又是意义呢？顾老师讲意义是赋予事物本身没有的特性和价值；黄海老师讲，AI让人老而不衰是有意义的，健康是有意义的。美好的生活，幸福的家庭，愉快的享受，是有意义的。每个人终究要努力找到自己的意义，在时代构建的文化之下，找到那些你想要做，那些你做完会开心不会后悔的事情。不是所有开心的事情都有意义，短暂的愉悦，长久的痛苦，这样只会耗去我们宝贵的生命。

17121695

我认为"目的"很容易解释，它就是我们常说的"目标"，倒也不只是一个结果，它应该还包括了所有达到这个目的的战略、流程，使它真正意义上是可行的，不然这个目标就是一个空想，不会实现也没什么意义可言。而"意义"就很难解释了，我个人的看法是"意义"不如目标那样是具体的，它更是一种评判，一个个人的看法，它是在目标完成后，或者是站在"目的完成"这个假设上的评判，也就是说这是一个主观的、没有具体过程的东西,它存在于"目的"之后。而且对于一件事,目标是要明确的、清晰的,又要是可行的,但是意义就不一样,我们做事可以有明确的意义,也可以没有明确的意义。

17122116

　　意义是什么很难形容,但这种不可言说的感觉却可以在很多地方体现出来。比如,与老年人聊天,他们可能并不需要你做什么,但需要一个人认真地耐心地倾听。我想这可能是通过倾诉来从别人身上得到认同感,是一种寻找存在感的方式,像是寻求某种生活过的痕迹的证明,也就是寻求一种"意义"。其实很多时候,日常生活的大部分都为大众所习以为常,很难被升华到被人记住的层面,这么多年了也只出现了一个庖丁而已;可但凡有一点功绩(就算是巧合)也许就会被历史记录下来,人们记得的大多数是这些东西而非生活日常,就显得前者比后者更加有意义。那么所谓"被记住"的就是"意义"吗?是,也不完全是("祸害遗千年"也被记住了,但也没啥"意义")。或者说某个人做的某件事超出个体本身,对他人产生了影响(最好应当是好的影响),那么就体现出了意义。如果这件事只与他自己有关,只对他自己造成影响,其实他本人应该无法判断这件事情是否特殊或者在他自己身上产生了什么影响,也就是说他不会知道是否有"意义";只有在对比之中才能发现变化,如果不与外界他人产生联系,他又怎么得知此事不是刷牙、洗脸、睡觉一样的生活活动,而是一件有"意义"的事呢?(即使是他用现在的自己与过去的自己进行对比,也是在不同的两个时空位点上,那么也是要相对来说才能产生"意义")保持积极乐观并且珍惜每一天真是非常令人为之赞叹的生活态度。

17122247

　　"老"是人们不可避免的事情,除非我们拥有停止时间的能力。这一节课更加深入地探讨了何为生命,何为意义。第一节课我将生命的意义定义为:为了自己的幸福和想要的事物而活着。现在变成:为了自己在意珍惜的人们能够幸福而活着。从功利主义的态度变成了对生命的尊敬。顾老师与黄老师都不约而同地讲到了生命的质量、生命的意义。顾老师在开头通过几个问题不断地引导我们,让我们思考:享受与长寿择其一,我们会选择什么。但在最后,顾老师指出:享受是人们不可避免的天性,通过压抑天性来换取长寿这是不合理的。人活着是为了什么?如何提升人活着的质量?简单几个问题与例子,使得我们开始思考人生的意义与如何提升自己。人生最重要的是自由的意志：知不可为而为之。这是我们自由意志的选择。黄老师从生命科学的角度去思考人生的意义。我们能够去使用人工智能等技术为生命增加更多的光彩与乐趣。我们能够通过更好的科技去让我们拥有健康的身体。我们能够去使用更好的机械去为人类带来能够平等对话的另一物种。我们应该尝试不断地充实自己，提升我们生命的深度。意义是一个非常缥缈的事物。意义就是出于自己的意志而决心去促进他人以及自己更好地生活生存的行为举止，或者说是想法。它不单单是一个社会、文化、周围环境给予你的概念，更是人自己自由意志的体现。理想太容易让步于教义，而教义，使得人们盲目狂热、失去自我。没有任何权力高过我们的判断，也没有至高的主宰在监视、惩罚我们的罪，只有我们自己可以决定前进的路，我们的路是什么，我们的意义是什么。人生本来就是没有意义的。每一个人都像是一只路边的野狗一样四处奔走，寻找着所谓的意义。金钱是一种手段，又是一种人们不断赋予它全新意义的工具。到最后，我们所谓的意义，我们所拥有的东西，都会随着我们的消亡而离去。那么，意义到底是什么呢？意义就是我们的人生中为了让自己死后得以安心，能够无愧于自己行走、行动、存活那么久的一个证明。意义不单单是对自己的，更重要的是对其他人的。有人说自己的意义是为了赚钱，他真正的意义可能是为了证明自己，也可能是为了存活的时候享受更好的生活，也可能是为了将这些外在物质传给其他人从而使得自己的存在变得"真实"。但是我们不得不时刻警醒：所谓人生的意义，不应该是由其他人给予我们，而应是源自我们内心的真正的想法。这样的事物，我认为才是最本质的意义。最后，敬畏生命，每一个存在的生灵都拥有自己该做的事。想要人工智能拥有生命，拥有智能，首先应该去理解生命，敬畏生命。

17122319

老师提出多个问题来谈活着的意义，人为什么而活着，宏大意义和日常生活可不可以结合。意义应该是被大多数群众认可的，具有普遍性。人们会铭记某些人，因为其成果意义重大，其思想具有价值。"生，我所欲也；义，亦我所欲也。二者不可得兼，舍生而取义者也。"

17122905

生命的意义是一个解构人类存在的目的与意义的哲学问题。它以一个问题的形式而存在，但它却给了我们探索生命意义的方向，那就是目的与意义。生命其实本来就没有意义，这个世界上没有神，也没有来生，我们从荒芜中来,最后也要到荒芜中去。这是对生命意义的一种理解。持这样理解的学派有存在主义,它是当代西方哲学主要流派之一。存在主义以人为中心,尊重人的个性与自由,认为人是在无意义的宇宙中生活,人的存在本身也没有意义,但是人却可以在原有存在的基础上自我塑造、自我成就、活得精彩,从而拥有意义。正如木心所说:"生命好在无意义,才容得下各自赋予意义。假如生命是有意义的,这个意义却不合我的志趣,那才尴尬狼狈。"我们追求的永远是目的,但是生命是一个完整的过程,而不是结果。那么,如何给自己找到生命的意义,才是个体终极的问题。

17123183

一个人一生的意义是在热爱与追求中表达出来的。这种热爱可大可小,可以是家国之爱,青云之志,也可以是男欢女爱,儿女情长。我们在为自己的梦想努力进取时,反映的是自我价值的意义,我们的生命中也有很多我们在意或者在意我们的人,一生之中,我们又留下多少羁绊与足迹,这是社会价值上的意义。人类是社会动物,但不仅仅归附于社会,人类还有强烈的自我意识,因此一个人的意义往往在自我与社会这两方面都会反映出来。我想生命的质量会体现在这些意义之中,它无关生命的长短,而是与有限的生命历程中自我认知的生命、社会认知的生命相关联。

17123184

追求不了长生,那追求老而不衰也是一件好事。长寿意味着放弃享受,那这样的长寿我无法接受。正如顾老师所说,人的文化意义上的活着,就应当是实现自由意志。那失去了自由,活着就没意思了。生,容易;活,容易;生活,不容易。

17123471

人作为文化意义的生命体,活着就是为了可以实现自由意志,而自由意志便意味着可以"知其不可为而为之"。关于人活着的意义,这是一种社会范畴,也就是需要把自己"奉献出去"的意义,我认为在某种意义上说是一种社会价值。对于宏大意义与日常生活的关系,它们不是对立的,而应该是彼此打通的。"庖丁解牛"和生活中的母爱与父爱都是日常生活向宏大意义的升华,这种升华是不能一味纠缠于生育的经济成本的,否则因此得来的生活便无高尚可言。在人性的正常满足、在日常生活的文化升华中实现人类永生,这才是生活本身,生命永续的前提就是保证生命质量。课上放的 TED 视频让我深受震撼,面对苦难,最重要的便是拥有乐

观的心态,相比于他的苦难,我的苦难不足为提,所以更没有理由不认真生活、活出意义。

17123988
　　我今天听到意义的时候,第一反应就是在做题的时候分母为零无意义。其实这也挺符合的,分母自己是零,对于自己来说没啥,但是对于我们的主观认知上来说分母是零,对于其他公式来说没意义。对于人生的意义,我从小到大都没有认真考虑过。人生的意义就是如何在生命以外产生一些东西。为同学们与老师们带去快乐,为社会贡献一份微薄的力量,或许就是我的意义吧。既然人生的意义是为了自己本身不具有的东西而产生的东西的影响,那么人是不是也就是一种手段,多年以后,人们都只有意义存在,人都已经不重要了？老师说了吸毒人的例子,因为痛苦,所以解除痛苦变成了一种快乐。作为通信专业的学生,我们有门"信号与系统"课。有位老师说得好,宇宙就是一个系统,我们就是一个信号,我们调制解调,生活在这样的系统中。这也许就是在日常生活中伟大意义的体现吧。一个个普通人有自己的意义,或许国家也就会在世界上、在历史长河中有自己无与伦比的价值了。

17127008
　　这堂课最有意义的一个点是讨论了什么是意义。一开始顾老师说意义超越生存本能,意义是一个社会范畴,是一个文化范畴。其实,我们追求永生也好,追求长寿也好,我们要活着,我们应该弄清楚活着的意义是什么。就像顾老师说的,意义其实就是给事物加上它本生不具有的东西。动物和人的生命,共同点都是活着就要吃喝拉撒,要繁衍后代。但是人除了繁衍后代这些基本生理需求之外,人还会想着给生命加上其他的一些东西,比如医生刻苦钻研一些治疗人类疾病的方式,他们奉献出自己的体力、时间甚至健康,为了让其他的人生活得更好。教师辛苦地钻研知识、传播知识,想让更多的人摆脱无知。他们都给自己的人生赋予了意义。黄海老师给我们带来了一堂耳目一新的理工课程。我不仅了解了科学的知识,也感受到了人文的关怀。黄老师讲了如何让生命活得有意义,他用一个早衰的病人的经历来告诉我们要专注于自己热衷又能做的事,选择与高素质的人交往和不断进取,充实自己的生活。

18120351
　　意义更多的是一种精神寄托。人在生产生活中产生了很多想法,但在现实中又无法找到可以用来表达或者追寻探索的具体事物。我认为既可以是一个独立个体对具体的某件事或者整个人生的精神认识,也可以是一个国家、一个民族甚至全人类所共同拥有的理念。

18120410

一直以来,很多人都在纠结人生的意义是什么。从前我也喜欢思考,后来经历了一些事情,我对人生的意义有了新的理解,便没有纠缠于此了。平淡也可,热烈也可,关键是在这短短的一生中,我们要有勇气追求自己热爱的东西,即便这种东西多么地为别人所不屑或敬佩,亦不改变自己最真的想法。"意义是人对自然或社会事物的认识,是人给对象事物赋予的含义,是人类以符号形式传递和交流的精神内容。人类在传播活动中交流的一切精神内容,包括意向、意思、意图、认识、知识、价值、观念等等,都包括在意义的范畴之中。"这是百度对意义的解释,说实话这样解释我不太懂。顾老师举了研究生的例子,我倒有点感触。也许我们缺乏的是要附加给意义的责任与担当。意义是在传播过程中交流的精神内容,如果意义太过狭义,太过自我,便不能称之为意义。老师提到日常生活向宏大意义的深化,我觉得这段对许三多的描述就是很好的体现:"他做的每一件小事,就好像拼命抓住一颗救命稻草一样,到最后你会发现,他抱住的已是参天大树了。"

18120416

生命的意义在哪? 现在的年轻一代是个人主义兴盛? 我觉得不尽然。在我看来,由于时代大环境和社会多元化的发展,年轻人能更多地认识到个人的独立存在和对自我发展的追求,但这并不代表我们就是自我的一代,我们只是相对来说更加关注自己本身,但这与我们对集体对社会对国家的热爱、对集体意识的认知是不冲突的。而对生命的意义这个问题来讲,任何脱离了大环境的"想象和认知"都是没有意义的。生命的意义与我们个人的体会有关,但更多的是依托于人在他所处的大环境中,对他所在的集体所做出的贡献更能体现出生命的意义。在黄老师的课程讲解中,我了解到了人类衰老的表现、因素和 AI 能给人类衰老带来的正面的影响。老师提出了关于怎样才能活得更久和如何活得有意义的答案。与我们平时了解到的类似,想要长寿,我们势必要放弃一些东西,比如口腹之欲,比如惊险刺激的感官体验等等。但是,只是简单的生命延长并没有特别大的意义,放弃了所有一切,只剩余时间的生命是无意义的,那只能被称作活着,而不是生活。"岁月悠悠,衰微只及肌肤;热忱抛却,颓废必致灵魂"。AI 能帮助我们的是对存活时间的延长;而我们人类自己要做的,则是让我们存在的漫长时间里从活着变成生活。

18120451

人与其他动物的区别之一就是,人总能从他所进行的活动中找寻到意义。我不认为这是偶然的或特别的,人类是这地球上最富创造力的物种,因而我们总是充满着不安和不满,像源源不断绝的活水欲喷涌而出,像炽热的太阳欲把光热发散殆尽,这就是人类的生命,这就是我们的生命,而那些我们所最为之渴望、感动、努力、奋斗、追求的最终汇聚在一起,如同江河汇入湖海,留下不可磨灭的意义。

18120462

今天的主题是"老而不衰,AI如何提高生命质量",从黄老师的介绍中,我了解了目前科学家对衰老纷繁复杂的原因仍充满了疑问。而人工智能正通过器官置换等方式应用于这个领域。老而不衰与第一堂课所提到的生命永续是有所区别的,老而不衰意味着人在自然死亡来临前,仍保持着充沛的生命力,思我所思,为我欲为。比起那捉摸不透的永生,老而不衰似乎是一种更易接受的提高人生质量的方式。然而,人生的意义究竟是什么?我认为所谓意义必然不是通过个体来定义的,因为意义总是通过他人来赋予的。所以人生的意义必然与社会、世界有所联系。人生的意义很多样,可以是拥有一场轰轰烈烈的爱情,也可以是将某一项技艺磨炼到极致。但是这样的人生虽有意义却谈不上宏大。我以为真正宏大的意义应当超越生命的限度,立言、立功、立德,或是以个人这样微小的存在去触及一些伟大事物,如真理或时代。

18120468

今天课上从老而不衰和生命质量讲起,两位老师从不同的角度讲解,最后都谈到了生命的意义,可谓是殊途同归。确实,一个人的生活质量不完全取决于物质方面,更多地由一个人的精神状态所决定,而一个人的精神状态又和这个人的生命意义相联系。但是意义又是什么呢?顾老师一开始说意义是一个社会范畴和文化范畴,不以个人的标准衡量。意义,简单地说是人们赋予某样事物的含义。我觉得,意义包含着双向的价值,比如说军人,一方面军人为国家贡献,对国家而言有价值,另一方面,军人在奉献国家的过程中也得到了精神的升华,让自己的生命变得有价值。而顾老师说到的目的,我以为像是一种只有单向价值的事物,比如说一个人赚钱以谋生以及改善生活条件,是只对某一方有益的一种状态。目的可以升华成为意义,而意义不是单纯的目的。

曾佳宁

这次的课堂让我印象最深刻的是顾老师对个人主义的反驳。课堂中有同学提出,如果一个人追求的东西对他有意义,比方有人认为追求美食,追求更好的物质生活对他有意义,那么这也可以成为生命的一种意义。但在顾老师的解释下,我意识到这是个人主义的一种表现,极端的例子就是,如果一个人认为吸毒让他感到非常快乐,我们难道能说吸毒也是人生的一种意义吗?在此之前,我一直觉得个人选择的生活只要不影响其他人就可以是他生命的意义,但顾老师让我意识到人的生命不仅仅要对自己负责,也不仅仅要对父母亲友负责,每一个人生长到现在都是需要承担自己的社会责任的,大学生享受的各种学习资源都不是凭空出现的,我们所生活的稳定安宁的国家和社会也不是老子"无为而治"就能自然出现的,个人的生命享受了全社会一起创造的成果,就也应当对社会有所回馈,这改变了我之前觉得只要不有损于人就可以作为人的生命质量追求的观点。

18121440

今天的主题是衰老,衰老与生活的矛盾导致了意义的问题。但我想问另一个问题,人类的身体有一个从生长发育衰老到死亡的过程。那么人的意识呢?如果我们把意识定义为对周围环境的反映,那么我们对世界的认知的过程是否和我们的身体生长发育的过程一样呢?刚出生的婴儿的身体发育最为迅速,然后发育速度减缓慢慢到达巅峰,然后身体机能开始衰退直到死亡。婴儿对世界的好奇也是最为强烈的,然后我们的心智逐渐成熟,再然后思维逐渐固化,好奇心减弱,同时我们经历的事情也越来越多,对周围重复的环境的反应也越来越平淡,这个过程是否可以看成是意识的衰老,如果可以,那么意识本身是否也会在衰老到一定程度时死亡?

18121494

人为何追求永生?没有人会嫌自己生命太短,但是永生与长寿有着绝对的区别。将微小的一个人置于无限的时间中,纵使百年千年也不过白驹过隙,在有限生命中即便再浩大的成就也会被无尽的时间消磨,而永生却能真正地将名字印刻在时间之中。不管AI如何介入,它是帮助我们达成永生这一目标的辅助手段,而如何将永生变为一件具有意义的事情其实还是在我们个人。七八十年的寿命,或许游戏人间是生命之意义,但若生命无限,游戏也终有穷尽,那剩下的不就是毫无意义的人生吗?用当今的眼光去看未来的事情显然不合理,无法估量到时候是否会有游戏一生也游不尽的可能性,但更多我愿意相信人们都会最大化地发挥自己在各个专业领域的力量,将人类的发展推入下一个时代。

18121770

生物在其一生中,都不可避免地会逐渐变老。如何保持一个好的心态以及寻求自己生活的意义,是我们人类需要探讨和追寻的问题。我们不是为了活着而活着,我们是为生命的意义而活着。黄海老师介绍了不同种动物的寿命,并以专业的图像阐释了生命曲线。顾骏教授与我们探讨了生命的意义,我认为生命的意义在于付出与收获的同时进行。一个人的意义,我认为是通过情感表现出来的。人的情感投射到他人身上,同时这种情感被反射到自己身上,个人体会到人与人之间的情谊。这是功利主义社会中不能完全概括的意义,也是我们作为人类与其他动物的区别。

18121943

明知生活不易还要让日常生活活出乐趣,如果为了长寿而放弃享受生活,我也是不愿意的。黄老师从专业的角度解释了衰老的原因、机制、延缓方法,最后那个早衰症的少年也深深触动了我,其实把每天当成最后一天没有什么不好,这样才能及时地审视自己、不留遗憾。"岁月悠悠,衰老只及肌肤;抛却热忱,颓废必触灵魂",能掌控我们生命进程的,终究是我们自己。世人认为活着的意义就是产生一定的社会价值。然而社会价值的实现形式与规模也有很多,对于一个普普通通的小人物来说,或许让周围的人感到幸福就是他活着的意义;对于学者来说,除了家人,追求他所热爱的,奉献一生也心甘情愿,或许就是他活着的意义。具有一定社会属性的人都能因其社会价值而找到活着的意义,然而,这些意义更多是这个社会所评定的。单从个人层面,我们活着的意义或许更多建立在社会关系和实现个人价值上,为了让父母快乐,为了让周围的人幸福,为了找到自己奋斗的目标,找到平淡生活中的宏大意义。

18121980

今天,顾老师带我们思考了自由意志。当自由意志受限,永生便没有了意义;仍然具有自我意志,追求自己想要的,才会让我们成为鲜活的生命;顾老师还对现在社会的男女关系进行评述,当女性仅以经济能力作为衡量标准选择伴侣,当男性只用外表来衡量女性,看似是当代社会让我们习以为常的事实,实际上是将爱情、亲情物化成了经济条件,就像顾老师所说,如果仅以此为标准,那么当两者结婚后呢,仍有如此多的选择,甚至更多的选择。这样评判人而得到的最终结果应该很难会是美好的,彼此追逐自己的利益,最终鱼死网破。选择的那个人应该是唯一的、无可替代的或许才应该是选择的标准,一切从意义出发。要结婚的意义是什么呢?不应该就是希望与唯一的那个人长长久久吗?以意义来看待事物、看待我们的行为,相信一切会有不同。

18122445

人是否能为了长寿放弃食色?我觉得完全不可以,食色是人的天性,为了长寿而压抑天性,那么生命的延长到底是幸福还是痛苦呢?被压抑了天性的人是否是一个完完整整的人?如果真的不要食色,那可真的是老而又衰了,释放天性才能活得精彩。就像黄老师说的 Sam,老而不衰,描述的就是 Sam 本人吧,和一般人的老不同,Sam 的老是在很短时间里就走到了最后,但他的生命要宽阔许多,他接受自己,追求梦想。我想,他是不是实现了意义呢?人类的生命意义?黄老师介绍了很多人类衰老在生物学上的原因,还有一些人类基于这些研究所做的努力。相信永生虽远,但是人的寿命一定会一点点有所延长。最后说一下我眼中的生命的意义。我是 00 后,就像顾老师说的,我也觉得自己是比较自我的,我完全没有想过人类的意义,我只关注过个人意义的实现,而且是我认为的那种意义。

18122961

意义对于每个个体来说都是不一样的,我们每个人都对意义有着不一样的定义。不同的事物可能对于不同的人来说是不同的,由于个体认知的差异,有的事物可能对于某些人来说有意义,对于别的人来说没有意义。但无论是什么样的事有意义,这些事物都应该是有利于自己并让身边的人乃至整个社会都受益。正如我曾经听说过的一句话,要判断一个人是否成功,不仅要看他自身的成就,更要看他是否让他身边的人感到幸福。所以我认为,事物的意义虽然是由个体来判断、来定义,但是我们在下定义的时候应该考虑这个事物对我们身边的人都有影响。而从另一方面说,意义不仅是我们对事物的判断,也是对我们自己生命的总结。我们追求永生,不断提高科技水平、医疗水平,延长我们生命的长度。但生命的意义测量的是我们生命的宽度。而生命的宽度与广度也是评价人的生命的一个重要依据。活得长不一定意味着活得广,活得深,活得有意义。TED 演讲里那位得了早衰症的孩子充分展现了他短暂却有意义的人生。

他热爱他短暂的人生。他尽自己的努力,让自己活得有意义。

18123188

今天的课更像一门哲学课,其中意义的界定让我难忘。从前我们一直在说,我们做的事情要有意义,你这根本没意义。但是我们对意义本身却从来没有一个讨论,那么到底什么是意义呢?《拯救大兵瑞恩》的故事中,单单从人数上来看,拯救这个举动确实毫无意义,但是从美国的价值观上,国家对个人的承诺与个人对国家的价值这个层面上,可以说是意义非凡。价值就是物本身不具有的、被赋予上去的,钱本来是交易的筹码,但是在企业家手中,也许资本就会与成功连上关系,就给予了金钱不同的意义。

18123780

顾老师的精彩开场从引用一位"年已过百、鹤发童颜"老道的例子启程。"你愿意为了长寿而不冒险不剧烈运动、不吃不健康的食品吗?""你愿意为了更长久地活着,愿意做什么呢?""为了活着而活着吗?"这引发了我们对人生意义的思考。活着是为了什么?什么是意义?意义是什么?有同学在课堂上提出"立功、立德、立言",但顾老师却说这确实是人生的意义,但人生的意义并不仅于此。

18123877

活着的意义是什么?我曾经也思考过这样的问题。人到底为什么而活?从古至今,很多人都在思考这个问题,但是直到现在我们都没有得到一个明确的答案。我认为我们大可不必去追求人生的意义,与其苦苦追寻人生意义,不如做好手头的事,多为他人与社会着想。正如顾老师所说,把自己投出去。

七、
效率优势，人工智能能否促进医疗公平？

时间：2019 年 5 月 7 日晚 6 点
地点：上海大学宝山校区 J201
教师：沈成兴（上海交通大学教授，上海市第六人民医院心内科主任）
　　　顾　骏（上海大学社会学院教授）

教　师　说

课程导入：

　　第七课开始，我们不是讲一个人的生命，而是要进入生命的社会层面，整体层面。生命是一个抽象概念，不能简单地比量的差异。在这个世界上，经常没有唯一解，真正体现我们思想水平、道德水准的，是在两难情况下能够找到一条合适路径。如何确定规则，一视同仁，永不修改？如何寻求公平？生命问题不只是一个技术问题，技术解决不了人的问题。经济因素是否可以决定我们生命存在还是不存在，存在的质量如何？效率优势，人工智能能否促进医疗公平？

学　生　说

13120002

　　效率优势，人工智能能促进医疗公平吗？顾老师首先与我们讨论了生命公平的问题。慈善基金会只有 50 万元的该如何分配呢？一个濒临死亡的人还是五个病状稍轻之人？这个问题和那个有名的铁道工问题一样。这种道德困境的问题真的很难回答。生命是无价的。生命是不可量化的。一个人与五个人都应该得到救治。没有什么规则是能完美解决这个问题的。而慈善也必须要追求公平，在不存在绝对合理办法的情况下，只能寻求形式的公平，也就是规则的公平。这个规则一旦制定，就不能再次修改，修改就意味着倾斜，离我们想要的医疗公平更远。AI 在一定程度上可以提高这种公平性。AI 不分贵贱，只有一个个病例，其判断不会因为贵贱而有所不同。

15121509

顾老师从慈善基金会的故事说起，引发我们对医疗公平的思考。如何才能让医疗公平呢？AI 能否促进医疗公平？我相信 AI 可以在一定程度上帮助实现医疗公平，随着科技的不断发展，我觉得未来不久机器人医生终将产生，它会更好地服务人类，可以大大降低误诊的概率，也几乎不会存在一些不可预料的意外。AI 的未来会是医学的一次革命，会从根本上解决看病难、寻找好医生难的问题，还会大大提高医院的效率，从而促使更多人得到同等的医疗待遇。但同时，AI 发展的各种限制也有可能致使医疗公平向相反的方向发展。

16120003

什么是公平？有静态的公平吗？是否达到了一个指标就是达到了公平，公平是一个维度就可以判定的吗？不是，解决了一个，又会有另一个是不平衡的。讨论医疗公平我们应该聚焦于医疗本身。医疗公平是要获得同等高质量的信息，无论是穷人还是富人，信息都是同等的，解决措施对于人工智能也是同等的。那么，从医疗本身来看，穷人和富人从信息质量的差异转到信息适用性的差距。但是信息如果是尽量完整的，是不是医疗就变好了？所以如果一项技术给我们更同等的治疗和治疗条件，大大降低了成本，为什么它不是我们公平的一个最优解？或者说是目前解决这个问题最靠谱的方法？医疗问题是点上的，不像社会问题漫无边际。

16121253

医疗公平其实是没有必要去实现的，只要大环境再不断发展，以前治不好的病现在能治好了，这样不就很好了吗？！贪得无厌才不合适呢。只要大环境在变优，对于患者来说，就是希望和未来！

16121395

医疗公平一直是热点问题。就现在的科技水平和医疗体系构建，绝对的公平是不可能实现的。正如有人生病有人不生病一样，我们无法保证每个人都可以接受治疗，更不用说接受良好治疗的机会。如果人工智

七、效率优势，人工智能能否促进医疗公平？

能得到大力发展，首先人们能够治未病的概率能大大提高，另一方面，患者也能在大数据下分配到相对最合适的资源。可是正如沈医生所展示的，人工智能的发展依然有弊端和缺陷，正因为收集的数据可能存在人种和性别歧视，人工智能对这些弱势群体的安排和分配容易出现错误，而有时过于客观的人工智能能作出利益最大的抉择却无法作出最合适病人的抉择。医生是一个极度需要人性的职业。这一点，无论人工智能如何发展都无法改变。我们的目标应该是使人工智能成为医患最好的助手，省略诊治中间烦琐和复杂的步骤，使医生获得足够病人数据、提高自身技艺，使病人能够清楚表达和找到适合自身病状的医生和设施，而绝不是妄图取代任何一端的重要功能。

16121439

顾老师用一个类似于"火车"难题的讨论带领我们走进课堂。基金会究竟应该救一个，还是救五个？当我们面临这样的两难局面时，制定规则就变得非常有必要了。尽管在我们国家有医保存在，在一定程度上缓解了医疗资源不公的现象，但正如沈医生所说，由于医学人才缺乏，很难保证全国各个地区得到完全公平的分配，同时昂贵的设备也是部分落后地区所无法承担的。这个时候，我们就需要人工智能的支持，帮助医生分担一些压力。但我认为，由于人工智能目前还只是从现有数据中去学习一些经验性的东西，所以它更多的只能帮助我们做一下重复性的工作，当遇到大病与疑难杂症时，依旧还是需要医生出面。我们依旧需要制定出完善的制度，来规范本来就非常稀缺的医疗资源的分配。

16121899

医疗公平问题一直备受关注。中国人口基数大，各个地区医疗资源差距大，医疗不公平问题一时难以得到解决。一个国家的医疗水平不光是医疗设施如何，医生能力强弱，医保制度完善与否能够决定的，还取决于商业保险的合理程度，公民医疗常识普及程度，甚至社会学上的诸多意识形态……可以说是由多种条件决定的。既然是多方面的原因，我觉得光靠人工智能也不能完全解决公平的问题，最多做到缓解。最大的制约因素还是医疗资源的缺乏，而规则的制定，在未来人工智能的应用下，医疗公平问题确实能有改善。但问题又来了，规则该如何制定？人工智能的运行逻辑又该如何编写？事实上，按照真正"公平"的原则，其实往往会造成人道上的不公平：一个对社会贡献大的富人和一个吃着社保的穷人得了同样的病，需要移植器官，那么"公平"的做法肯定是优先治疗富人

的,即便人的生命价值相同,但接受医疗的优先度仍有不同。除此以外还有许多许多的"不公平"情况:人种不同导致的抗药性、老弱病残的优先关照、犯罪人员获取医疗的权利……显然,凭着个人的价值观,"公平"的规则是难以制定的。那么靠人工智能做出决定呢?让它学习人类的历史、价值观、社会架构等等,然后让它制定一套保证医疗公平的规则,然后让它自己贯彻实施呢?个人认为在目前看来可行性不大。人工智能在目前能帮助人类的还是辅助治疗:它可以更好地分配医疗资源,让医疗资源的浪费最小化。这是人工智能目前比较好的应用方向。至于如何从根源上解决医疗公平问题,恐怕还是只有在医疗资源的充沛度上下功夫。

16121976

  这次课的内容从个体层面延展到了社会层面。医疗资源分配问题一直是一个全民都比较关心的问题。政府在医疗方面的投入非常大,但是目前医疗资源分布仍然不均。人工智能能够对医疗资源分布起到什么作用呢?人工智能能够在一部分工作上代替医生,尽管在某些工作上可能带来一些弊端,我还是觉得人工智能可以用来解决一些最基本的医疗服务,比如给感冒发烧患者开药,或者辅助医生对患者进行检查等。

16121982

  人工智能技术的确提高了医疗的效率,一定程度上也确实促进了医疗公平。但是与此同时产生了不少不公平的地方。数据决定了AI诊断的准确性,数据越多,AI诊断就会越准确,效率也会因此而提升。董承琅先生留下了那么一句话:"一切治疗要以确保患者的利益为前提。"这一点AI还做不到。优质的治疗手段代表着更高的治疗费用,AI无法权衡这两者,最后作出的决定也许对患者的病很有效,但是没有考虑到患者的经济实力,而这也是患者的利益之一。我相信通过不断扩大数据库,AI诊断的准确性是不需要担心的,更多的是要注重AI对于患者的考虑。AI是冷冰冰的机器或者说是数据的集合,根本无法做到对患者的考虑。所以医疗的未来一定是AI诊断与医生协同合作的未来。AI更多地负责诊断,得出几种方案(可以是倾向于好的治疗手段但是很贵,或者是较长的治疗周期但是相对便宜一些,等等),然后让医生来选择最符合患者实际情况的治疗方案。

16121984

  今天的话题是医疗公平。我们追求公平一定程度上也可以认为是我们追求被这个社会认同,我们期望得到一视同仁,尤其在与生死相关的事情上。社会本身存在不公平,因为没有绝对的公平。顾老师的"提价"观点很有道理,因为这是维持社会秩序的一种方式。沈医生从医生的所见所闻给我们介绍了当下的医疗情况,也提到了AI有助于帮助缓解这种不公,缓解这种不公的本质是成本的降低,因为培养一个医生真的太贵了。但是AI只是一种辅助工具,使医生效率更高的工具,它无法取代医生,我们的社会仍需培养医生。如果真的有一天,AI成为主导,那设计他们的互联网公司是否就成了社会规则的制定者?这显然与传统政府职能相违背,一个商业性质的公司能否担当起这一责任,我们又该如何去制约和发展,都是我们在发展的路上无法忽视的问题。除此之外,今天一个同学提到的:我们对医生的关怀是否太少?的确太少。医患关系的紧张我们有目共睹,我认为其中很大的一个原因是信息资源获取的不对等。人类对未知的东西总是充满猜疑与恐惧。今天沈医生说,医疗成功率有50%就是非常优秀的。我们普通人或许对50%极度不满意。这种信息不对等,也是导致医患间不信任的因素之一。我们在关怀医务工作者之余,还需借助媒体的力量向公众传播基本的医疗知识。

16122317

AI是否能提高医疗效率?顾老师从慈善基金的案例来引出医疗公平话题。沈医生从专业领域进一步诠释了医疗公平。北上广地区医疗比较发达,一是城市规模大,二是经济实力强,资源集成度高。但三甲医院的专家门诊号依旧一票难求。

16122740

到底是什么在制约着公平的实现?我们毕竟是学生,看问题只看到了表面。顾老师和沈医生谈到了需求这一根本问题……很多时候我们都责怪别人,却从来不会想自己有问题。我们口口声声说要公平医疗,公平公正。然而,公平是相对的。对于当下资源不足的最好解决方法,是沈医生提出的AI有助于缓解这种不公。这观点让我们眼前一亮。的确,培养一个医生太昂贵了,且供不应求。眼下,只有通过AI来精准地分配患者才有助于让患者得到适当的医疗资源。这样,不会浪费有限的医疗资源,不会过度治疗。

16122858

究竟是什么导致医疗不公?是医疗资源本身的数量达不到需求,还是地区之间的贫富差距?两位同学以义乌和上海举例:为什么义乌的医疗水平与其经济水平不匹配?同学们多试图从经济学的角度解决这一问题,谈及了上海和义乌的地区定位等,但问题背后的原因不是这么简单。顾老师提到了建设一家三甲医院的标准,医院的选取必须覆盖的地区范围是我们都没有考虑到的:该地区的人口密度是否达到了建设大医院的标准？这些因素都会导致医疗水平的不均匀。在课堂提问环节,有同学提出了对医生极具关怀的问题,让我们感受到了"生命智能"课程的温暖,希望人工智能的迅速发展能代替医生暴露在一些医疗设备的辐射下,能同样地为医生带来直接福利。

16123042

这周的课程内容是从生理上的生命概念扩展到社会意义的生命,讨论的是医疗上的平等与人工智能的联系。人工智能可以快速打破原有的医疗体系,运用其强大的工作处理能力,可以节省许多之前被浪费的人力资源和物质资源,一定程度上弥补经济发展滞后对医疗不平等的影响。这几周课程,我感觉到课堂气氛越来越融洽啦。同生们也对"生命智能"增进了了解。生命不能由数量来决定。生命是平等的。

16123078

一个慈善机构选择救治一个病重的病人还是五个病轻的病人,我感觉这是一个很难得到解决的问题。救治五个人自然是最佳选项,但又显得不近人情;救治一个病重的人,虽然有人文关怀,可是放任五个病轻的病人的病情恶化可能会导致更糟糕的下场。人工智能可以一定程度上解决医疗公平问题。但我感觉这可能性会极小,因为目前的医疗公平问题是结构问题,很难根本消除。目前的医疗公平问题主要在一些高难度的手术以及一些昂贵机器的不足,而这些部分很难通过人工智能解决,想让人工智能精准地完成一场充满变数的高难度手术是很困难的。

17120351

顾老师以一个问题引入了课程:50万元医疗基金,应该如何分配给一个危重病人和五个初期病人？这是一个无解的问题,因为人的生命不是能简单地用价值衡量的。正因为如此,才有了各种规则,以更好地分配已有资源。在这方面,人工智能的大数据算法或许可以有所建树,但是考虑到人工智能和人类衡量问题的方式并不相同,人类更加会考虑人文因素而非简单计算。在未来,人工智能会是人类的一大助力,将其用于辅助治疗、监管资源分配、平衡各地区之间的医疗资源,可以缓解社会差异带来的医疗公平问题。

七、效率优势,人工智能能否促进医疗公平?

17121463

"关注人类命运,融通生命智慧"。课程口号宏大,如同今天的主题。今天的课程也从之前的个体开始向整个社会考虑了,从经济方面谈论医疗公平。顾老师的引入很精彩。基金会救一个还是救五个,这次没有人说一个没有五个重要了,因为一个人的生命和五个人的生命同样重要。可是维持生命,是需要成本的,在贫富分化存在的情况下,钱永远是不够用的。这个时候,便需要制定规则,一视同仁,才能让人们觉得公平。沈成兴医生为我们分享了更多关于医疗资源的问题,先是一些故事和疾病的介绍,如冠心病,如伤心真的会让人心碎,很吸引人,别开生面,后面谈及医疗资源的不足,医疗的成本和医生培养周期的漫长,最后是误诊率。两位老师的讲述,一环扣着一环。最后的疑问:AI,可以解决这些问题吗?最后的讨论很温暖。有个同学提问:我们总在关心患者,我们什么时候能够关心医生呢?最发人深省的,还是大家关于公平的讨论。什么是公平呢?什么又是医疗公平呢?课堂上我们能够真正感受到人性的光辉,因为我们会去关心弱势群体,而不是像动物那样,丛林法则、弱肉强食。我们会去思考这个社会如何变得更好。医疗公平就是在医疗资源允许的情况下,尽可能地为经济能力低下的人们提供服务。但公平不是一个想想就可以实现的目标,不是每个人免费医疗就可以实现的,这是一个经济学问题。顾老师论述的,火车票该不该提价,让我醍醐灌顶,原来现实不是那么简单的,其实提价才是最好的选择,这样才能更好地发挥资源的价值。这就是社会科学的魅力。"公平正义比太阳还光辉"。我们都在努力让这个社会变得更美好更温暖。大赞"生命智能"!

17121534

内容精彩不枯燥,我对顾老师提到的一些内容印象深刻,维持生命需要成本,存在贫富分化的情况下,钱永远是不够的。生命不可量化,一个人与五个人都应该得到拯救。资源使用不存在绝对合理的方案,有得有失是常态,必须作出取舍。慈善必须追求公平,在不存在绝对合理的情况下,只能寻求形式的公平,也就是规则的公平。既已确定规则,则须一视同仁。

17122093

课堂上讨论"医疗公平",这令我印象深刻。医疗公平的表象是医疗资源的分配公正,其深层价值蕴含着:人的生命价值的平等、对人的尊严的尊重和人的幸福的实现。这些都是生命伦理的基本价值旨趣。但现有

的医疗资源还达不到医疗公平的地步,"医疗公平"是需要条件的,医疗资源以及其他的限制使得医疗公平尚不能得到实现。然而未来的智能社会,AI真的能减轻甚至会解决医疗不公的现象吗？沈医生认为这是可行的。未来,AI机器能够代替医生去解决小问题。但机器只会收集数据,少量的数据会让机器的判定变得不够准确,机器也会出错。这样依旧会导致贫富不同的人得到不同待遇,这样的医疗依旧存在着不公平。

17122116

这节课讨论的是公平问题。顾老师关于医疗现状的看法我非常赞同,就是在资源不足的情况下,要制定一定的规则去使情况尽量公平。那么怎样去制定规则呢？可以理解成要讲求一定效益(尤其经济效益),使有限资源能够发挥最大化效益。之前说到,我们不要太"矫情",要有"烟火气"。问题是相对的而非绝对的。我们面对问题也不应该绝对地说我们的医疗体制不公平……近年来其实政府大力推进医疗进社区等举措,媒体也在推广,希望患者小病去社区医院、大病再去大医院看的理念,有效将患者分流,这有助于减轻大医院压力,提高医疗系统运转效率,也能给患者提供更好的服务。如果未来AI达到了"进社区"的程度,那就能大大减轻医生的工作负荷,也是我真心很想看到的高精尖技术的"烟火气"样子。生物和医学都是发展中的科学。希望所有的医生和研究者在为人类奉献的同时,能保护好自己。

17122247

一开始,顾老师提出两难问题,引入今天的主题：医疗公平问题。我国每年在医疗方面投入资金极其多,但依旧存在着医院供求不平衡、大城市与小城市之间医疗水平的差异等等。绝对的公平难以实现,但我们可以通过各种方式去改善。做到医疗公平不只要投入金钱与改革体制……我们可以研发人工智能去行医。当我们通过人工智能去精准地诊断每一个病人,并且为他们分配合理的医疗资源,这样就可以最大限度地利用医疗资源。但是我们也应该清楚,医疗公平是相对的概念,哪怕是人工智能在医疗方面得到充分利用,因为这又会在某种程度上加剧其他的不公。无论在何处都没有绝对的公平,人工智能以及其他科技的出现也只能缓解这样的局面。不得不提的是,专家号与普通号的出现有着自己独特的意义——通过价格不同来为特别需要的人提供特别的医疗。这样看似不合理,但是实际上,它从某种程度上缓解了医疗不公。救人是最重要的事情。不单单是医疗方面需要更多体制的改革,更重要的是,医患关系需要更好地提升。病人需要更多地体谅医生,医生要更多地为病人考虑。

17122303

本节课从医疗公平入手,讨论了一个理想且仅拥有简单条件的问题:公平能否实现,AI是否能促进?我认为,公平这个问题很早就有哲学家和权威人士讨论过,只要现实的本质没变,绝对公平就永远不会存在,人与人之间的差距会造就不公平的现象。公平,至少直至今日,谈的都是相对公平。医疗方面的公平,我们国家为人民提供医保福利,提供医院补贴资助,可国家不能抹平贫富差距,也不能创造某些没有的资源。减少不该有的不公平去达到所谓的公平是有机会实现的,AI可以解决技术的难题,解决医师的缺少,解决药物的配对,这些烦琐的问题达到平衡后会迎来一种公平,而这也是"现在"的我们所需求的"公平"。社会学问题或许会被技术所解决。正因如此,我们的期待和盼想不能熄灭。

17122820

今天课题主要讨论了关于人工智能在医疗效率和公平方面可能的作用。医疗在这个社会是否公平?沈医生借用以前温总理的一句话"公平正义比太阳还要有光辉"来说明公平的重要性。那么,现在中国的医疗是否公平?地区医疗资源的分配不均,医疗水平不同,很显然是无法做到完全公平的。尽管国家在医疗方面投入巨大,医疗保障年年提升,但是贫富差距带来的医疗问题依然无法完全得到解决。除此之外,医疗资源不足,成本高,医生的培养周期长,以及人类复杂性造成的误诊,这些都是医疗行业的难点。那么我相信,AI的介入会在很大程度上改善这些问题,就比如可以提前收集病人的各项数据指标,然后直接交给医生判断,甚至在不断的进化中,以及大量数据的支持下,能根据标准对一些基础指标作出判断而且更加精确。这很大程度上减轻了医生的负担,同时也减轻了病人的负担,甚至一些简单的感冒咳嗽可以远程解决。药品运送在今天物流业发达且运输能力提升的条件下,是否可以采取地下管道直达的运输?!

17122906

顾老师精彩的引入道出问题的关键,大家都想去看专家门诊,导致挂号费昂贵,出现了医疗不公平的现象,而人工智能的出现能帮助筛选出一些真正有需要的病人,实现对症看病,或许能解决医疗不公平的问题。而在现实中,随着中国经济的快速发展,政府对于卫生健康的投入越来越多,中国人民的医疗服务的公平性、普及性越来越高。但是,在健康的供给方面,与市民或百姓的需求依然存有差距。这个差距应通过政府和社会的多方努力和投入来不断改善,并充分利用人工智能等科技方面的进步来达到更好的提升。

17123184

生命本来就是抽象的概念,况且每一个生命都是无价的,决不能以量来衡量。维持生命的成本是很高的,贫富差距永远是个不可避免的话题。但换而言之,我认为资源分配永远不会存在绝对的公平,但在这时候就只能追求形式公平和规则公平了。发散来看,或许,这就是人类之所以需要法律、需要政府的原因了吧。道义上无法解决的问题,就用规则来解决。经过这堂课,我深深地明白了,原来看似不公平的事情,或许才是最公平的。或许,这才是能让利益最大化的结果。这又是一堂颠覆我思维的课,感触良多!

17123988

公平与效率,本身就是一对矛盾。在开头的题目中,救得多就是效率高,救病重的人就是公平。在这两者之间做出抉择就是经济学的问题。这个问题在经济学和医学之间,乃至所有的事之间相同。但是在生命上,生命不可以量化。所以,这就对经济学的问题产生了挑战。

18170019

今天的课题是,人工智能是否能为我们带来医疗公平。课上沈医生讲了不少医疗领域相关内容,我对医生的误诊率最感兴趣。我之前从来没想到医生的误诊率竟然有这么高。

18120403

今天的主题是"效率优势,人工智能能否促进医疗公平"。顾老师的思想实验一针见血指出医疗公平难以实现的根本原因——资源本身不足。在这个难以改变的前提条件下,两全将不可能实现,我们能做的只能是制定一个相对合理的规则以确保公平的相对实现。沈老师从医生视角向我们阐释了人工智能对于整个医疗行业的影响及其利弊。围绕医疗资源分配不均的原因,顾老师提出了一个发人深省的观点——一味追求单纯的公平并不能促成真正意义上的公平,因为蝴蝶效应的威力会让整个美好的初衷走上歪路。这让我想到一句话:"通往地狱的道路往往是由善意铺就的。"任何微小的差错都可能给整个医疗体系带来不可逆转的影响。我们任重道远。且不论资源分配本身,引入人工智能必须考虑到其对于弱势群体的影响。贫富差距在当今社会已然存在,现有差距导致来源于优势群体的数据多于弱势群体,这个客观事实本身不是什么劣势。然而在数据之上的未来,这个事实会造成机器对于优势群体的关注度大于弱势群体。结果冷酷而又可悲。这公平吗?一方面,公平,因为在事实推向结果的过程中,没有任何人的主观代入与干涉,事实决定了一切,且整个事件的初衷就是为了增加资源从而促进公平。然而另一方面,又是不公平的,因为弱势群体在一开始就输在了数据与样本容量上。由于马太效应,差距将会越来越大。人工智能的引入只是换了一种形式将"贫富差距"变为了"数据差距"而已。最终的结果都是对弱势群体不利的,其本质并未改变。正如老师所言,人的问题只能由人去解决。吾将上下而求索。

18120410

老师说,生命不可量化,我们不能根据生命的数量来作出选择。要解决这类问题需要事先定一个规则,规则制定了就不能轻易更改。沈医生讲述的主题是:AI能促进医疗公平吗?我认为是能的。在现如今,地区的贫富差距导致的城乡医疗资源分配不均,高水平医生向经济发达地区涌入,大量财政投入医疗依然不能使人民满意等问题,说明即便人们愿景美好,医疗公平依然道阻且远。解决这类问题并不轻松,我国的医疗行业面临着医资不足,医疗成本高,医生培养周期长,误诊率高等问题。而有了AI,它可以承担一部分医生事务,减轻医生的压力,在某种程度上还能减少误诊率等。虽然AI可能在某些方面加重不公平,但我相信随着社会的发展,总能解决的。

18120416

这次课程的关注点与以往相较,更加宏大。之前的课程更多的是聚焦于个体,这次则更多地关注生命智能对于社会的影响。给我印象深刻的是顾老师提的两个问题:慈善机构如何分配善款给六个病人?如果真的调低医院专家号的费用,病人就诊会变得更加公平吗?这两个问题一个在问询什么是公平,另一个则是在问如何才能更公平。问题的前提在于生命是无价的,是不能简单地、功利地去比较它的价值的。我们无法直接得出救五个病症较轻的病人好还是救一个病重的病人更好。想要达到公平,只能去遵守既定的规则,慈善不是商品,无法价高者得,一定程度上医疗资源也如此。但由于资源的不均甚至短缺,完全的"平等"也不能促进公平。当"专家号"与"普通号"等价的时候,专家门诊发挥不了最大价值,普通老百姓甚至会更难得到优秀医生的诊治。这哪里促进了公

呢？目前来讲，现有的医疗公平只是相对而已。人工智能可促进信息共享方面的公平和提高医生诊疗效率来促进医疗资源的公平，下一步也许就是通过辅助新型仪器和药品的研发来促进治疗手段的公平和医药资源的公平，未来人工智能对医疗公平还能作出怎样的贡献还未可知。

18120451

人类社会在发展的过程中，进退两难、取此失彼的问题屡见不鲜，公平就是这样一个问题。世界上没有绝对的公平，公平是对平衡的趋近，是对客观现实条件的妥协，公平的标准也因不同的对象而各异，随着社会的变迁而改变，但是公平的初衷是永远不变的，那就是顾及大多数人的利益。人工智能能否促进医疗的公平？我们不能片面地作答。毫无疑问，人工智能强大的计算学习能力是人类无法匹敌的。利用人工智能对医疗资源在经济学角度的分配效率进行计算，可以提高医疗资源分配的效率，使之最大限度地满足多数人的利益，这是可行的。另一方面人工智能无法同人类一样思考，它无法真正地从生命的角度去思考公平，这是它的弊端。

18120452

既然我们无法轻易地实现医疗资源的平衡分配，不如换一种方式来促进合理的分配，即各个 level 的医院能接收相应 level 的病人，AI 此时便可以得到发挥的平台，合理快速的数据分析，对病人进行基本的诊断，然后再按照病情严重与否，推荐最合适的医院。这样的话，至少能保证病人能得到最合理最方便的治疗，不会因为病重却还要排一条非常长的队，前面的病人还都是一般医院便可以解决的。推进 AI 应用，无疑能解决最主要的问题，但仍旧有可能有其他负面的影响。我认为利还是大于弊的。

18120468

顾老师一开始提出的慈善机构两难问题，说明了我们理想中的公平是难以实现的。真正的公平体现在制度中。医疗公平需要规则和制度来实现，人工智能可以为公平的医疗体系提供助力，但其本身并无法直接实现公平，更何况其本身的设定和采集的数据也会有不公平的因素存在。虽然公平难以真正实现，但是我们对公平不懈追求的精神才是最重要的。

18120484

从国家来看，医疗条件和经济实力成正比。我一直觉得经济和资源是正反馈的过程。一句话，经济基础决定上层建筑。一个经济发达的地区会吸引大量人才从而获得大批资源，而资源又会带来大量财富。之前

七、效率优势，人工智能能否促进医疗公平？

看过一个介绍比尔·盖茨的钱怎么花的文章，其中提到过在疫苗方面，南非的一些国家即便愿意出钱，但由于运输和保存的问题，也未必会有公司卖。其实一个地方的财富我觉得不能看单体，而是要看总体的，更高的集体财富才能办好大事。也许南非一些国家政府比大多数个人有钱，但是它要获得医疗资源的代价会因为这种整体经济的反馈而更高，导致资源更加稀缺。我觉得归根结底就是需大于供。人工智能在医疗上会存在许多问题，但我觉得人工智能对医疗的帮助不能局限于医疗上，AI的进步会大大增加人均财富，助推产生更多的资源，让资源利用更充分。我对AI会促进未来人类的资源分配公平性充满期待和信心。

18121943

今天，顾老师用一个慈善基金的例子引入了医疗公平这一社会群体层面的问题，并强调了确定规则这一意识。沈医生向我们讲述了医疗公平以及人工智能在促进医疗公平方面的利弊与可行性。一方面，人工智能可以节约资源、成本、时间和降低误诊率，但另一方面，AI需要大量数据进行训练，而这种机械的训练可能导致一种固化、不能灵活变通，并且可能导致表面公平、实则加剧某种偏见。

18123188

医生走进我们课堂，给我们讲述了医疗资源是否公平的问题。这让我大开眼界。一直在享受着城市医疗的我们第一次考虑医疗是否公平的问题。AI的引进，确实让我们看到了改善的希望，AI可以进行一些初步筛选来排除百分之八十常规疾病的医疗，能大大减少医生的负担，不用大病小伤都由医生亲自过目，这大大减少了医生的工作时长。AI用的是云平台上的资源，无论你人身在何处，你都可以随时调用，会大大增进我们的医疗资源，也间接地促进了医疗公平。这节课讲的是一个经济学问题，十分有趣。当然，还有一些十分尖锐的问题，例如我们一直提倡关怀患者，但是往往忽视了医生。

18123777

这次的主题是"效率与公平"。一开始顾老师就以一个近乎无解的问题起头：一个人的命和五个人的命。这种问题我认为不存在正确答案，关键在从不同角度作出不同的决定。如果说未来，人工智能通过合理的资源配置能帮我们把六个人都救了那再好不过，但如果没办法救那也不能强求。我认为人工智能能做到的是帮人解决简单的病患问题，留出更多资源给有困难的人。

18123780

在资金有限的情况下,基金会救一个还是救五个?同学们已经明白了生命不能由数量来衡量。通过沈医生的精彩授课,我们知道了,未来AI机器能够代替医生去解决大多的小问题。有时,医生在诊断时由于经验、观测等不足会出现误诊。人工智能在大数据的背景下进行分析,可以对病症进行精确地诊断。

18123877

目前我国的医疗资源分布不均,短时间内达到绝对公平不现实。这是一个复杂的经济学问题。相较之前的条件,我们现在拥有的条件实属很好。人工智能确实能给我们带来便利,也确实提高了效率,但是在某些方面,人工智能是不可能代替人的,它只懂得什么是最优算法,不懂得人情,太过于机械化。

18124446

今天的课程主题是关于医疗资源的公平分配的。沈医生作为一个心血管内科医生,以他的角度向我们展示了人工智能在未来对于生命科学、对于减轻医生负担的重要作用。顾老师讲道,在当前资源有限的情况下,我们要用一些准则来减少选择的成本。人的生命从本质上说都是平等的,为了保证每个人的生命权,公正是必须的。很巧合的是我来自义乌。我想以义乌为例说明公平的问题。义乌人确实很有钱,人均收入很高。作为一个小小的县级市,义乌享受不到上海这样的资源。义乌除了一所专科学院之外没有一所大学,缺乏相应的人才;义乌的发展源于商业的繁荣。相信AI时代,医疗资源分配会相对更加均衡。通过更为快捷的交通方式,城市更为紧密地联系在一起,大城市作为医疗中心能够更好地服务周边城乡,使得中小城市的医疗公平能够得到更好的保障。

八、
生命特权，人工智能会分裂人类吗？

时间：2019年5月13日晚6点
地点：上海大学宝山校区J201
教师：顾　骏（上海大学社会学院教授）

教　师　说

课程导入：

生命是否是一种特权？如果智能技术真的解决了生理上生命永续的问题，现实中，人类可能永生吗？个体可以永生，是否意味着人类可以永生？生命需要资源。维持人类永生是否也需要资源？从一个人永生到全人类永生，这中间可能发生什么？技术问题的解决必须有制度层面的保障，有制度性安排，因为每个人都有想法，都会作出自己的决策，都有自己的行动。古代西方有希波克拉底誓言，中国古代行医"是乃仁术"。如果人类永生的技术掌握在机器手里，连程序性制度也由人工智能执掌，人类与智能机器人之间的关系，将进入一种什么样的状态？什么都有可能，智能技术必须健康发展。

学　生　说

13120002

今天的课程围绕人工智能和人类永生的话题。我们从医生这一特殊的职业聊起，聊到希波克拉底誓言，聊到行医"是乃仁术"，讨论了医生所具有的神圣使命。如果人类能够永生，那各项资源问题必定是一个很大

的问题。我以前想到将人类分成两派,不永生的就可以繁衍后代,选择永生的人就必须签协议不能繁衍后代,否则人口的不断增长是一个很大的问题。当然了,如果永生的名额有限,那顾老师所说的"挤公交车"现象是很符合现代人的人性了。我觉得"诺亚方舟"的船票应该分成两部分,一部分是付出一些东西来换的,可以是钱也可以是技术能力或者科学水平(相当于技术入股那种感觉),还有的部分就通过抽签的形式分给那些买不起船票的。这样我觉得比较公平。

15121509

如果可以永生,你愿意吗?在资源有限的情况下,我们是否可以平等地得以永生?老师以"诺亚方舟"话题激发我们思考。如果只能让700人活下来,我们如何选择这700人呢?同学们发表观点。有认为应让能力优秀的人上船,按照青年人、男女比例来分配,又有同学认为应抽签决定。对于前者,我只想说他忽略了生命生来平等这个道理,更多地站在理智方面去想问题,而后者则看似平等,却忽略了理智考虑。这又是一个让人进退两难的抉择。老师又列举了希波克拉底誓言,一个至深的哲理。病人对自己的身体不够了解,把自己的生死交给医生,这就需要绝对的信任,而医生就要尽自己的可能去医治病人。但是,医生可能也会因为情绪变化而影响医术,这个时候,如果人工智能参与进来就有可能改变这一现状,使得医疗更加便利高效。

16120003

希波拉克誓言是医生的宣言,是医生对患者的承诺,是医生的职业观。我们也许从来没有关注到誓言本身其实也明确了医患关系的健康存在形式,这对医生的权利也是保障。它规范医生行为,同时指出了患者对医生应该是无条件地信任,应该约束医生利己行为,保证医生群体的利益。医生在被信任的环境下才有稳定的工作环境,才有足够的安全,被信赖被尊重。如今的医患关系问题就是缺乏信任的映射。医生需要患者理解的前提是医生群体的形象是正面的,是无私的,而非患者和医生是敌对的、对立的。顾老师讲道,在生理永生条件达到的情况下,永生阶级就会与非永生阶级发生对立冲突。我突然又有了一种假设。永生阶级和将死之人最大的差距是资源差别。永生是多么大的诱惑,得不到的人自然是愤恨嫉妒的,因为巨大资源差激发了人恶的一面。如果生理上的永生可以做到,那么我们只是因为资源的稀缺而无法永生?如何解决这个问题?解决当下资源人类没有办法,但是人们可以把这个时间线延后。

16121037

今天,希波克拉底誓言让我印象深刻。很多时候,我们站在自己"不是医生,只看医生"的角度,只把这一誓言当作是医生为救治患者立誓,而很少考虑到医生在其中得到了什么限制和保障。我一直以为这份千年前写下的誓言不曾更改过,然而查询资料后才发现,它已经历了八次修订。最近的修改发生在前年,它增加了"我将重视自己的健康,生活和能力,以提供最高水准的医疗",这让我有些感动。不得不承认,作为人口大国,加之近年来频发的医患纠纷,我国的医生承受着巨大生理和心理的双重压力。所以,将医生健康概念纳入修订,让我看到了对医生群体的尊重以及医学人性的关怀。事实上,这样的修订是有一定道理的。医生过劳,不仅是危害自己的身体健康,更是对病人的不负责任,会导致误诊误治和手术并发症的危险。因此,我认为正因为医患关系的复杂性的存在,我们更应该努力维持信任的存在,并且保持宽容,让医学共同体稳固持久。关于人工智能,我有一个疑惑。在课后的讨论中,我们认为对人工智能存有忧虑的重要原因是我们不能确保对其有完整的控制权。目前的人工智能,如AlphaGo只能用于专业领域,是狭义的人工智能。我们真正需要的,或者说对我们的生产生活会产生有益影响的应是通用型人工智能。为了保持控制权,我们希望人工智能成为"被奴役的神"。但是,奴役是有前提的,我们不讨论情感或意识的问题,似乎只能从技术上对其进行限制。这样,这其中好像存在一个矛盾,我们如何去限制一个我们需要它成为超级智能的机器拥有超级智能?靠制定规则,还是为了安全放弃发展超级智能?

16121253

首先,我不赞成把医生这个职业神圣化。医学是神圣的,治病救人,行天之道。但医生不是,任何只讲义务而不讲权利的关系都是无法长久维持下去的。医生也是人,也有自己的家庭,也有喜怒哀乐。对于医患之间强弱不对等的状况,我认为这无可厚非,因为术业有专攻,任何专精于一个行业的人在该行业都是强势的一方,不信任医生,就犹如坐飞机却不信任飞机的驾驶员一样无稽。

16121395

绝对的公平是不存在的,然而资源的分配在某种程度上是可以做到平均分配的。当然这其中也有经济、地区的限制,我们可能无法做到每个地方的人都有同样的设备和资源。但我们可以做到这一个地区的人能有同样的分配。另一个问题,永生实现的路上我们必然面临阻碍和困难。

如果有一个人能够永生，就会有更多人去追求永生。这样的后果不仅是地球资源所不能承受的，更是人类本身的伦理和社会机制所不能接受的。公平的实现需要巧妙地从不同角度看待。我们也应另辟蹊径，尽量做到立德、立功、立言，而不是只是追求生命的无限延续。

16121899

顾老师从"希波克拉底誓言"解读出医患关系的不平等，继而引申到人类生命"同命不同价"的问题上。"希波克拉底誓言"是医患双向的社会契约，用于稳定医患之间的强弱不对称关系，是保证社会稳定的制度。延伸到"2012诺亚方舟"问题，可以发现为了保证人类文明的延续，关于幸存者的选拔制度同样需要有某些条款的约束。但制度是由人决定的，难以避免地存在着片面性，同学们讲到的主观选择以及抽签原则或多或少都存在着不合理性。而这时，便需要与人类利益无冲突的人工智能来为人类决断。给予人工智能一个基础的约束，由它自行学习人类的历史与文化，从而建立一套延续人类文明火种的规则，似乎是最为可行的方案。人工智能的决断避免了"公交车现象"，延伸到课程主题人类永生时，显然这是目前人类能想到的最公平地解决"不死与有死阶级"阶级矛盾的方案。当然，目前人工智能仍未能发展到如此智能，还有许多问题未暴露呢。我们需要在人工智能自主学习研究中更为谨慎。

16121976

人工智能如果真的解决了生理上生命永续的问题，必将迎来一系列更多的问题。顾老师引出了技术问题的解决必须有制度层面的保障，否则难以实现目的。我觉得制度的制定也是由人来制定的，技术让我们能够永生，但是谁先永生就需要制度来决定，而只是通过制度来解决也会滋生不公平的现象，比如制度执行过程中能否严格。如果交给机器来选择，人类命运也算是掌握在机器手中了，人类未来堪忧，人类应该如何信任机器？医疗行业存在的前提是信任。人在生病的时候只能选择信任。

16121982

老师在上课的时候提到了医患关系是一种"强弱不对等的关系"。医疗行业存在的前提就是信任。病人由于无法解决自己的病，所以始终处于软弱不利的地位，只能对医生无条件地信任。医患关系也可以说是信息不对称的关系，但这种关系维系了几千年，可以说是十分稳定，老师也总结得很到位，绝对的不对称只能通过绝对的信任来平衡。我的问题是，这种不对称是否需要调整？

八、生命特权，人工智能会分裂人类吗？

16121984

今晚，围绕社会资源、公平等问题，我们又一次直面了身处的世界。本课程涉及生命及医疗，一直在强调生命平等。但是绝对公平的社会，资源绝对平均的社会存在吗？我们要承认，不存在绝对公平，才是社会的常态。当资源分配出现问题，有那张船票出现，我认为也许并不是人人都能登上。我们有自己的选择，但前提是，我们都对这个世界充满善意。

16122317

人工智能可以解决人类的厚此薄彼问题。但是现在人工智能还是基于人的编程，就是说算法还需要人来编。如果让人工智能来挑选船员，看似公平，但是核心算法却掌握在部分人手中。这时候人工智能也可能只是一个傀儡。

16122740

……"医生治病，是把病人一个个背过河"。中国已故外科学大家裘法祖先生这样形容医患关系。这句话不仅道出了"医生斗病魔，患者要配合"，更说明了医生和患者的风险是共同的。不要因为害怕风险而因噎废食，不要因为是自己出了钱而为所欲为，更不要因为"一粒老鼠屎"而"坏了一锅粥"。只有全社会重视起来，才能让精英加入医疗行业，才能让更多真心想要帮助患者的医生努力行医，而不是整天思考如何自保。医患是战友，他们共同的敌人是疾病，而不是自己人。

16122858

今天的课由顾老师一人讲授，全程两个半小时，令人心生敬意。今天的内容更多偏重于政治与哲学方面。我们一起讨论了新旧两种希波克拉底誓言，我对此印象很深。顾老师一句句解析了誓言的意义，即医生要有信仰，这个职业是一个命运共同体，要彼此协调关系，维护这一职业的存在，同时要遵守禁止性条款和病患的隐私条款。医患关系存在强弱不对称关系这一特殊性。为什么医患关系如此重要？就是因为这一特殊性的存在。医生作为强的一方，拥有医学知识，面对软弱不利的患者，应坚守职业道德，心有良知，医治过程要对得起患者对医生的"完全信任"；而患者也应给予医生充分理解，这样才能促进有益于彼此的医患关系。

16123078

医学不是一般的自然科学，要与人打交道，故是一种特殊的社会文化。医生与病人的关系，正如教师与学生、律师与被告，二者处于专业和信息高度不对等状态，要想从被服务者身上牟利，易如反掌，所以必须切断二者之间的利益链条。治病救人,固然是一种服务,但却不同于一般的商业性质,与人道、人权相关联,需要政府担当。

17121251

本节课主要探讨人工智能解决了生理上生命永续的问题,现实中人类可能永生与否。顾老师点出技术问题的解决,必须有制度层面的保障。将西医的"希波克拉底誓言"与中医的"戒欺""头上三尺有神明""修合无人晓,存心有无知"对比,引出医生为什么要立誓言,为谁立誓。医患关系是一种"强弱不对称关系"。社会的绝对公平正义是不存在的,良好的医患关系需要医生及患者共同去维护。《2012》中当灭顶之灾来临时,谁有资格生存下来?这个标准如何确定?抽签或者按照丛林法则或人为挑选或人工智能挑选?这同样一幕更有可能发生在生命永续开始时。实现长生不老是人类自古以来的梦想,当人工智能能够帮助人类实现这个梦想的同时,又会带来更多更严重的问题。能源问题?谁可以率先永生?永生之后人的生育能力如何?等等。

17121463

今天的话题又一次变得宏大了起来。在全人类面对永生时,选择谁呢?顾老师从医疗中的信任问题,从希波克拉底誓言,谈论了医生与病人之间的关系,那种强信任关系,是真正意义上的完全信任——我的生命全部交给你了。病人是弱势的,只能信任。而医生,最优的做法,或说对于长远的、整个的医学共同体,不辜负病人的信任,不为自己谋求额外不当的利益。如此两个群体,才能更好地协作,更好地存在,这就是信任,这也是希波克拉底誓言如此重要的一个原因。当问题从医生与病人之间的信任,转移到人类对人工智能的信任时,情况又会怎么样呢?当实现了个体的永生,开始迈向全人类的永生时,便出现了电影《2012》中的难题——谁可以上那艘诺亚方舟?谁可以永生,有钱有权的吗?还是按体力、按智慧?有同学提出了,全部的人都是平等的,应该抽签决定谁应该上。正如顾老师所说的,人类为什么在这样一个重大的决定面前,把结果完全依托于不确定性呢?文明的积淀或说人类的智慧就要全盘放弃而不使用吗?交给人工智能一系列的参数指标,由机器去选择谁可以永生,也许会更公平。但人类的自主性是不是就没了呢?问题仍旧棘手,也似乎永远没有可以完美解决的方案。顾老师最后讲到市场经济中市场的作用。人类一直都在尝试,也一直都在进步。那个时刻还未到来,但可以给人很多思考。人类的价值到底是什么?丛林法则重要还是平等自由重要,这些都应该去思考。而终究,也得不出完美的答案,但思考使我们明白更多。

17121487

随着时代和人们观念的进步,患者早已经不像以前那么被动。医患关系紧张、矛盾突出,其成因很复杂,其实医患双方都有问题,同时社会因素也是重要的一部分。首先,由于医疗存在着未知性与风险性,患者并不清楚且对医疗服务期望值过高,再加上病人的法律意识、自我保护意识在增强。这是人类社会进步的表现,然而也有患者在诊疗过程中先入为主,稍有不妥即持怀疑或对立的态度。患方中不少患者对医方存有戒备心理,出现了对医方与其谈话和诊疗措施进行录音或记录的怪现象,一旦诊治中发生什么"意外",患者手中也就有了"证据",可以告医方,以为掌握了主动权。现在甚至还有患者是"上帝"的意识:一些患者自认为我花钱看病,就是"上帝",忽视了医疗行业的高风险、难度大、复杂等特点,稍有不如意便不满,求全责备,造成医患关系紧张。

17121986

今天,顾老师从人类是否可以永生开始讲起,问到了"生命需要资源,人类不可能一下子实现全人类的永生,从谁开始"的问题,我认为永生存在着很大的隐患。一是阶层固化,实现永生后,首先需做的恐怕就是废除退休制度。工作和服务短短几十年后享用漫无止境的福利是缺乏效率并且不合理的。那么,如果没有了退休,社会又会变成什么样呢?第一个问题就是阶层的固化。没有了退休,小到工厂公司,大到政府部门,经验丰富、能力干练的老人将霸占绝大部分的岗位和资源,这势必造成阶层的固化。二是活力丧失,阶层乃至岗位的固化很容易导致下一个问题出现,那就是社会活力的丧失,一个经验丰富的管理者会按照经验行事,因为经验可以收获更加稳定的结果。但是一个经验不那么丰富的年轻人则会依照想象行事,天马行空的计划反而有可能收获更加疯狂的成果,这也是社会富有活力的原因之一。如果社会丧失了活力,虽然不至于造成退步,但世界的变化肯定不像今天这般日新月异,毕竟大家都不缺时间,不必急于一朝一夕。三是公平问题,如果老人占用了大量的岗位和优质资源,那么人类下一代乃至下几代又将依靠什么营生呢?可以想象,贫富差距会在永生得以实现后越来越大,永生的人对经济乃至政治的独占甚至垄断,将与封建世袭一般,甚至有过之而无不及。另一方面就是,永生的技术一旦出现,它能公平地让每个人享受吗?迄今为止,尽管有这样或者那样的不公,但至少在死亡方面人们都是同样的。如果拥有足够财富的人就可以永生,这样还算公平吗?

17122116

老师用很长时间探讨了希波克拉底誓言背后的社会现象及其中原理,其中很重要的一个部分就是医患关系的强弱不对称。这种关系将永恒存在,不可能会消失,也就不存在什么好坏对错。不对称的关系很多都有信息不对称的表现,很容易给双方造成困惑,阻碍双方建立理解桥梁,也就很容易导致一些矛盾冲突。要是想要补偿这种不对称,就要用信任去平衡。其实生活中这种不对称关系比比皆是,也许象牙塔中的我们感受不深,可是这其实是生活常态。那诸多其他的不对称关系我们又是靠什么去平衡的呢?靠敬仰、包容、爱护……在人类社会的发展过程中,我们无意识地形成了很多从主观去弥补不对称的方式,而如果不从这种深层关系上去思考,这些行为也就是我们日常生活中所赞扬的"美德"。再说到诺亚方舟。面对末世灾难,到底谁应该活下来?如果是极小的群体,比如之前说的700人,那这个群体一定是要有很强的功能性的,他们背负着极其沉重的使命。在如此之小的规模中,首先一定要保证生存问题和繁衍问题,文化艺术的传承等都是次要的,活下去才是最重要的任务。极稀有动物种群从几只扩大到几十只所依靠的并不是它们顽强的生命力和冥冥之中的神秘力量,而是人工的无微不至的圈地保护。但轮到人类身上的时候又能有谁无微不至地保护我们呢?只能选择我们之中最顽强的人成为希望的种子。

17122247

人类的资源是有限的。如果想要永生,资源是不足以支持每一个人永生的。那么,谁来永生呢?没有一个人想死。不单单因为这是人类生存的本能;另一方面,人类对死亡这一未知的恐惧使得我们都尽量去避免死亡。那么,真当那一天来临,人类能够永生的话,我们又该如何是好?会不会人类为了争取永生的机会而将自己毁灭了呢?我们需要人工智能去为我们进行较为公平的裁决。假设有一天大灾难来临了,我们该如何选择活下来的人呢?我依旧坚持着自己设定的"抽签"规则。我认为每一个人的生命都是等价的。但是我想应该加入更多的实际因素。因此,我决定将抽签的规则与行动交给人工智能,让它选出最可能生存下来的人类。不单单是拥有专业技术或者是拥有过人力量的人存活,那些能够鼓励他人的人甚至是最平凡微不足道的人都有着自己的可能性去存活,无论如何,这很"公平"。但是无论如何,生命与人工智能的关系远远不只是这样。我们还有很长的路要走。但其中非常重要的一件事——人类该学会去放下以自己为中心这样一种愚蠢又让自己盲目的偏见了。

17122093

顾老师用"希波克拉底誓言"开头，谈论到医患关系，医生了解的情况与患者之间的不对等，所以得有规则去约束医生，使得二者看上去能达到平等。后面谈到诺亚方舟船长让谁上船的问题，我想我们应该从人的生命价值去考虑这个问题，和到时可能爆发的一系列问题，比如人与人之间的抢夺，甚至最后方舟被毁坏也不是没可能的。后面就人工智能的问题来说，永生，我认为人类达到永生，会产生许多变化，或许人可以永生，却不允许永生，这也是可能的，但是这一切都得等到科技发展到一定的程度，未来有许多不确定性。

17122303

这次课以谈论人工智能是否会分裂人类为题，谈论一系列可能会发生的伦理问题：资源有限，永生的给予是否拥有优先级，而我们提出的优先级是否合理？同时谈到诺亚方舟问题：你如果是船长，你会让谁上船？我觉得有时候不应该去谈论众人平等问题，这可能就是以后的现实，我们被教导，也清楚地明白优秀的人应当享有优秀的资源，这才是繁荣的必然经历，我们期望的是那些优秀的人能够完成常人不能完成的创举。永生则带动剩下的人永生，上诺亚则带领未来的人更繁荣。就我来讲，这就是现实，我们在改变在进步，但至少在如今世界的规则内我们要做的便应当如此。人工智能对人类的分裂其实不过是人类自己本身的内讧罢了，而医患关系问题也正是因为互相的理念意识想法不同，解决很多问题需要面对现实，未来的事可能未来才说得清。

17122307

老师说希波克拉底誓言对医生和患者都进行了"保障"。我认为在"道德绑架"日渐严重的当下，医生原有的部分权利被剥夺，而由于医疗的不确定性，让人们心中产生了恐惧，恐惧激发矛盾，医患隔阂日益严重。顾老师提了一个很有趣的问题：假如你是船长，世界末日来临，你会让谁上船？电影中最后选择了救助更多的人类，但往往有些时候这是不现实的。假如我来编写程序，第一，排除一切阶级身份；第二，进行合理的职能分配，筛选出各职能最优占比以及人选（性格、能力等多方面因素）；第三，在富有多余的位置分配中，运用丛林法则（个人综合实力上的）。丛林法则，其实也就是自然规则，世界末日难道不是大自然的弱肉强食？难道不是自然法则的自然筛选？假使没有人工智能，依靠丛林法则活下来的人们，是不是大自然的一种智能呢？回到主题，生命特权，人工智能会不会分裂人类？我认为一定会的，在技术允许的情况下（永生技术成熟），不死人和人会成为两个阶级甚至会是两个物种，对此我持消极观点。

17122905

  人类如果真的实现了永生，是一件非常可怕的事，不但不会保证地球上增加更多的人，相反，会加速人类走向灭亡，到一定的时候，连人类自己都不会存在了。按照设想，人如果实现了永生，那么人口只会增加，不会减少，但是，不要忘记地球的负载是有限的，目前地球只有70亿人，已经不堪重负，面临资源枯竭，而一旦人口无节制地增长，资源供应不上，最后的结局还是一个死。或许，因为人类不死，就可以不用再生出新的人口，但是这个操作难度比较高，因为人的想法是不同的，有的人不喜欢生小孩，但有的人却喜欢多生小孩，这个矛盾是永远不可能解决的。到时，因为人口问题导致资源分配不均，最后必然引发争执，导致杀戮。虽然人可以永生，但不表示不能被杀死。而一旦杀戮的规模扩大，那将是不可设想的。人可以永生，但不等于不会因为某种意外而死亡，比如交通工具导致的死亡。那么，为了保证意外不会发生，就会禁止任何能导致人死亡的交通工具的使用，比如汽车；那么，人类社会在某些科技应用方面，就会因为能导致死亡而被禁止。所以，人类社会的发展就会倒退，而一旦出现倒退，就不能保证人类的需要得到满足，最后，倒退的人类社会，还是会走向毁灭。

17123183

  今天的课程，谈到医生与患者的"强弱关系"。患者把自己再宝贵不过的身体交由医生来处理，希望医生能够给予自己最好的治疗，但是医生医术再怎么高超，总有力不从心或者是马失前蹄的时候。所以有些患者的内心可能会觉得自己本来处于弱势，为了平衡心理，就会把医患关系弄到一个很僵的地步。这个社会问题在现今医疗技术越来越发达，人们越来越相信和依赖医疗的时代背景下逐渐突出。我们理想中的医疗是医生尽自己所能及、判断力所及，替病人分忧，病人则完全地信任医生，即便不能够达成预期所望，也大度包容。但是今天的社会现状远远没有实现这样的设想，我们的医疗系统问题出在哪些地方？从我有限的一些社会经验看，今天人们对医生的理解大多是认为其是一个很体面、收入很高的职业，选择学医的人，很大一部分是看重医生的社会地位以及未来发展，而没有在选择之前考虑自己有没有完成一个医生应尽的责任的决心。患者对医生的理解也是不尽相同的。如果说生病是一场意外之祸，那么医生的任务是尽量挽救这场意外，所谓生死由命，结果谁都不好预料，至于坏的结果，无论是否与医生有关，也是意外的一部分，结果交由规则去处理。我们能做到的最好的事情或许也就是相信医生的抉择。

17123184

生命需要资源，而人工智能从某种方面来说，又是可以解决人类资源的消耗。但有趣的是，在人类实现永生的过程中，人类会遇到一系列的问题。正如老师所讲，永生从谁开始？或许每个人心中都有数，问题是谁又能说服谁呢？有些问题上，公平或许永远都不能实现。从希波克拉底誓言中，我学到了很多，总结来说就是：善良，责任，正义，有医无类。文明总是相通的，这也正符合了中国的"行医，是乃仁术"的观点。其实说医患关系是一种"强弱不对称关系"，但往往也是这种看似不对称的关系，才能行医吧！因为一切交由医生处置，是病人进入医院就诊的最明智的选择。再说人工智能的发展，还是应该跳出思维界限，不能就想着人工智能取代人类，人工智能拥有意识。像顾老师所分析的来看，我们就目前而言也应该关注人工智能与社会的关系。

17123471

今天讨论了永生的哲理问题：一旦永生成为一种可能，人类社会便可能会产生新的阶级，即"无死阶级"和"有死阶级"，两者之间必会产生矛盾。正如"诺亚方舟"的名额问题一样，谁有资格生存，标准又如何制定，这些都亟待解决。目前来看，或许让人工智能进行大数据采集，从而对其进行客观调节和控制是一个可行的办法。希波克拉底誓言告诉我们医者要有信仰；医生是一个职业共同体；医生职业存在禁止性条款及隐私条款。与中国传统医学文化相比较，行医"是乃仁术"，由此又引申出对医患关系的讨论。医生与患者之间存在"强弱不对称关系"，这种不对称只能通过患者绝对的信任来平衡。在这种情况下，医生的医德便极为重要，一旦为所欲为，便必会对医疗行业产生严重后果。

17124492

生命是平等的，不能因为社会价值而决定一个人生命的高低，如果人工智能真的可以帮助人类实现永生，那么新的问题也将会出现：是否人人可以永生，地球的资源有限等。但是如果这一天真的可以到来，我相信这一定是值得载入史册的。也许真的到了那一天，一切问题都会迎刃而解,期待科技的力量吧。

17127008

  "生命智能"课上到现在,我们讨论了太多的关于永生的话题。说到永生,和其息息相关的便是医学这个专业。今天顾老师为我们解读和分析了希波克拉底誓言。他告诉我们,行医是仁术。今天,我觉得我们要通过医学或者科技的这些手段去实现我们个体的永生。这个问题将来有一天肯定能够做到。因为如果是技术问题的话,终有一天会被人们所克服。但是我认为真正难的是真有技术之后,有不能够让所有人都永生的问题。我们如何去选哪些人可以永生,哪些人不能永生?当资源不足以让所有人都永生的时候,我们从谁开始? 如同电影《2012》,有洪水来临,人类濒临灭绝选谁上"诺亚方舟"一样。这都是如何选择,以什么样的标准来选择的问题。这样的标准确实没有,制定了规则确实也会被打破。人很复杂。考虑到人的复杂性,顾老师提出处理人与人之间的关系,最后可能用人工智能来解决,通过设置一些条件,让人工智能来筛选出符合标准的人。我记得在之前谈到人工智能的效率优势,人工智能能否促进医疗公平那个专题时,我们说过,人工智能不能解决人的问题,人的问题最终只能通过人来解决。那时候说人工智能在考虑问题时不会运用人的情感,有时候作出的决定不符合我们的情感。但是在讨论登船和从谁开始这个问题上,如果我是船长,或者我来决定由谁开始上,我肯定会受我的情感影响。如果人工智能决定不符合我的情感需求,而明明我是主导者,为什么最后要让人工智能完全决定呢? 如果我是船长,我可能会给自己留一个特权,让我能够自主决定一部分,剩下的再让人工智能决定。其实,很多事情不一定完全靠人工智能解决,有一些事还是要由我们自己决定和掌控。

18120351

  我认为"死"与"不死"两个阶级的对抗,由于本质矛盾的存在而必然存在。但是矛盾是既有同一性也有斗争性的,不同阶级之间必然存在斗争,矛盾双方通过斗争使得矛盾向各自有利的方向转化,"不死"的必然想要自己的永生有更多的物质保障,而"死"的希望自己同样能够不死,但总的力量来说应该是"死"的阶级,主要是"不死"的阶级已经为不死付出代价,是怕死的,而"死"的阶级是不怕死的。不怕死的斗争意志是最为坚定的。但是没有足够的资源使得所有人都能够永生,只是一味地斗争是争取不到利益最大化的,所有人都不能够享受永生的技术。那么只能够进行妥协,甚至是技术上的妥协,使得矛盾具有同一性。其实"不死"和"死"

两个阶级是无法直接产生的。矛盾的发展是否定之否定，是不断螺旋式前进的，更有可能是寿命长短的矛盾，"不死"和"死"只是谁活得更加长久的问题。

18120403

人类永生的顺序究竟该如何决定？顾老师从道德伦理的角度深入浅出地对永生后带来的一系列社会与道德问题进行了详尽的讲述。"挤公交车"现象将出现于未来世界的角角落落，"无死"阶级会调动自己的一切资源阻止普通人也即"有死"阶级登上这部公交车，两大阶级的矛盾也将日益剧烈。到那时，"有死"阶级会考虑：为什么不拉不死人垫背呢？当这种思想出现之时，社会必然无法正常运转，两阶级间的战争与冲突会层出不穷。永生本来是为人类福祉做贡献，到头来却让人类的发展面临重大问题？这不是背离了永生的初衷吗？要想解决这种问题，必须建立一种人人认可的规章制度。当所有人都认可人工智能制定出的规则之时，人们将会把自己的权利一步一步交托给人工智能，自由主义将一步步被瓦解。因此，人工智能超越人类的方式很可能不是机器突然有一天意识觉醒，而是人心甘情愿地交出自己的权利。固然，我们没有办法去改变历史的这种趋向，但至少，这种意识让我们有意识地去控制事态无限地发展。

18120410

课程伊始，老师和我们对个人永生和人类永生进行了讨论。如果技术允许，个人永生是轻易可实现的。然而人类永生则面临着资源、社会等条件的制约。为了避免这个问题，可能会出现不死群体和会死群体两大阶级。不死群体基于"挤公交车"原理会阻止会死群体追求永生，而会死群体则拼命追求永生。一旦前者对后者的压迫过于严重，则会引起后者对前者的誓死反扑。因而，从一个人永生到全人类永生，这之间有很长的路要走。后来顾老师为我们娓娓道来了希波克拉底誓言。我们了解到其中包含的内涵与我们中国的"是乃仁术"极为相似。医患关系是一种"强弱不对称"关系，病人几乎处于绝对弱势的地位，因而对医生的要求也比其他职业来得严苛。最后顾老师提到没有绝对的善恶，我们应当将善恶变成推动人类发展的动力令我印象深刻。也许人们一贯认为的好、善良无益于社会的进步，反而一些看似自私的行为使全人类受益。何为善恶？有时候界限并不明朗。

18120462

利用人工智能来实现人类社会的去中心化具有一定的风险。先不提人工智能诞生出自我意识后可能对人类产生敌意,进而暗中迫害人类。不具备自我意识的 AI 仍然有很大的风险。首先 AI 的程序是由人类编写的,所以不能排除有人恶意修改程序的情况。但如果设置了某个组织对 AI 程序进行日常维护,那么显然会诞生新的权力中心。其次,就区块链技术而言,如今的虚拟货币尚可以通过美元来定义其价值。但是如果有一天确实实现了虚拟货币的普及,那就意味着世界经济格局将由各国之间的货币战争转变为各区块链之间的货币战争。

18120466

今天我对希波克拉底誓言有了更新更深入的了解。顾老师对誓言的解释很深入,也很让人受启发。医者之心确实是简单朴实的,说到底就是为病人服务,不仅是解决疾病,也包括隐私之类的问题。人如果实现了永生,世界会变成什么样子?我认为人类是不会实现永生的,就算生理上实现了永生,最后的结果也绝对不是简单意义上的人人都享有永生。这不仅仅会产生今天课堂上的问题,还会有更多的问题出现。

18120468

今天主要讲了永生和医患关系的一些伦理问题,无论是永生引发的问题还是医患之间的问题,说到底还是人际关系问题。我更感兴趣的是某些人永生带来的挑战这一话题。我觉得在 AI 能从技术上解决人类永生问题的前提下,考虑让人永生引发的问题可能有些片面。顾老师讲到让人类一下全都永生不现实,而我以为让一个人直接永生也不现实,在技术上能让人永生并不意味着我们人类一定要使用这项技术来永生。可能的情况是人们先用 AI 永生技术满足人们活得更久的愿望,对此人类可以定下规矩,比如说每个人最多只能享受多少时间的永生状态以及使用该项服务的年龄限制,一旦规定,永不更改,并且可以由 AI 来监督。

18121075

什么人更有资格持有诺亚方舟的船票?同学们理智地首先排除了"老人孩子先走"这样在和平时期才能有的奢侈选项。我觉得这个排序题和过去课堂中"生命不能明码标价"的理念有些冲突。首先我认为,由于诺亚方舟上这批人承担着重建人类文明的重任,如果这时我们为了公平以"抽签"的方式发船票,无疑是自取灭亡。而如果在这时候我们根据人的价值来选择谁有资格生存下去,那么为什么在作"救科学家还是救普通人"选择时,我们又不能根据人的价值来选择了呢?回到本课的主题,出资赞助永生科研项目的富豪很可能会成为第一批永生的人,而以富豪为中心，他很可能会给自己的亲友也来一套"永生套餐"，最终有钱有权的上层人类形成一个特殊的永生阶级。这样就会出现永生特权分裂了人类。

18121980

今天的课程内容更偏人文风格。顾老师对希波克拉底誓言进行了逐字逐句的解释。希波克拉底誓言极具西方逻辑严谨性以及神学色彩，展示了当时背景下的医学工作者的坚守。随后由医学问题过渡到了生命永续的伦理问题探讨。顾老师将生命永续后的永续人和非永续人比喻成了挤公交时在车上的人和车下的人，牵扯出许多关于人性本质和社会伦理的问题，引发同学思考。

18122961

无论是多么伟大的决策人，都不可避免地会偏向对自己有利的一方，这时没有任何感情的理智冷静的人工智能就可以派上用场。它可以选出最适合人类后续繁衍发展的登船标准。但是我认为，毫无疑问，大部分人类都是自私的，无论他是否有意，人都会自然而然地偏向对自己有利的部分。永生之人当然也会阻止更多的人永生，以免跟他们抢夺生存资源。但是人类的永生若不加以管制，其实对社会也是一种负担。所以，制度一定要走在技术的前面，在永生实现之前，我们就应该考虑用永生的相关管理制度来维持社会的平衡。

18122171

顾老师用了古希腊的希波克拉底誓言，用边提问边解读希波克拉底誓言的方式带我们深入探讨了希波克拉底誓言的内容，让我们对医患关系有了更深的理解。顾老师又引出诺亚方舟，同样用提问的方式，让我们思考自己如何理解公平，人和人的价值是否真的能做到绝对平等。这学期的生命智能课程已经接近尾声，从永生这个话题开始，逐步推进，我们对生命及人工智能的认识愈来愈深。

18123188

老师带着我们理解了希波克拉底誓言和后希波克拉底誓言。也许我们对希波克拉底誓言的理解都停留在从医必须遵守的一个誓言上，知其然而不知其所以然。在老师深度分析后，我明白了很多。医患关系是世界上最神奇的关系，是一种强对弱关系。你对医生不得有任何隐瞒，不存在任何隐私一说，另外对医生给出的治疗方法，因为你毫无专业知识，你除了百分之百的信任外别无他法，只有听从。但是医生也是人，在治疗过程中也难免有一些误诊，需要患者原谅，所以说希波克拉底誓言不仅是对患者的保护，更是对医生的保护。医生应当不遗余力地救治患者，而医生发生难免的失误，也应得到患者的理解。老师抛出了尖锐问题——《2012》"诺亚方舟"中如何制定这个规则？不管你如何制定规则，都十分困难，需要有一些第三方来监管。然而这个第三方肯定不能是人，需要有一套智能的算法来完成，这就和后面讲的区块链比特币有异曲同工之处，有一套不能有人操纵、自我运行、去中心化的算法来帮助完成，才能保证相对的公平。

18123781

人类可以达到永生之后，社会会不会分化成为两个势力，一边有死，一边无死？这会导致人类社会不稳定的发生？这种事情不是不可能发生，但是发生的概率很小。人类的政府会进行一定程度上的干预，使技术在无法普及时进行消息上的封锁，在消息放出后，做到一定长的时间内，可以几乎实现全人类的不死。这样便可以良好地维护我们社会的安全和稳定，不至于两个阶级的出现。而且随着人类科技文明的不断发展，所需的达到一种技术全人类普及的时间也会越来越短。就挤公交车理论而言，人类社会中的共有资源并不像公交车上的空间一成不变。我相信在永生之前，人类科技的发展将推进人类的生存空间极速成长，随着人类的思想的进步，人类将可以达到自我的平衡。

18124446

这堂课，顾老师讲的其实是利益分配的社会学问题。人工智能可以作为一种第三方来缓和双方（也可以是多方）的关系。人工智能可以不带感情色彩地给出顾及双方利益的决定，因此这种决定可以被双方认可（除非有优势的一方拒绝合作）。在医患关系不对等的情况下，前后"希波克拉底誓言"对于医生有约束要求。患者在医患关系中常常是弱势的一方，因为患者相对于医生缺乏相关知识、信息，医生比患者自己更为了解患者的身体。但是与这种地位不符的是，患者只有一个身体，身体对于患者而言是最贵重的东西，而医生每天要看很多病人。但是，当患者对医生的动机产生质疑的时候往往会爆发冲突，这对于医生不论是直接还是间接的利益都会造成损失，因此医生即使不受到"希波克拉底誓言"的约束也会医治患者。当人类能够永生之后，谁能够最先成为永生者？有权有钱的人可能会首先成为永生者，因为只有他们有能力负担永生的昂贵成本和将来几百年乃至几万年的生活开支。永生者和非永生者很可能会分裂为两个阶级，以前穷人们可以说钱是带不走的，但永生的富人们可以永远拥有财富,财富将会前所未有地集中在少数人手中,阶级分裂将会逐渐地加大,永生者在社会资源方面的优势将会转化为科学技术方面的绝对优势,非永生者可能会被压得永远抬不起头来。但是永生也并不一定会导致这样极端的结果,阶级矛盾会在一定程度上被上层阶级弱化以赢得最大利益,同时也不会使下层的非永生者灭亡。人们追求自己的利益,但是人们在合作的基础上最后往往能够得到一个双赢的结果。

九、
追求完美,科学干预有上下限吗?

时间:2019 年 5 月 20 日晚 6 点
地点:上海大学宝山校区 J201
教师:袁晓君(上海大学生命科学学院副教授)
　　　顾　骏(上海大学社会学院教授)

教　师　说

课程导入:

　　人们通过科学改善生活完美人生。但是当人生真的达到"完美"时,我们会不会反过来又失去什么?科学干预生命有极限吗?科学干预生命可以做到什么地步?干预到最后,是否会让生命失去意义?整容美女可以参加选美大赛吗?人造肉你能接受吗?未来世界人造人能接受吗?人被机器替代会是一个不知不觉的过程吗?如果有一天这样的人批量化生产时,这是人还是机器?人在未来是否会被机器替代?科学,在不断地向造物主的目标进步,一切东西都能够用科学制造的时候,人可能面临什么?人发明的科学技术到底有没有边界?如果没有边界,最后会达到什么样的后果?

学　生　说

15121509

　　科技正在不断地改变我们的生活。面对科技对生活的改变和干预,我们是否能够接受这样的改变呢?课快结束时,顾老师的一句话让我坚信了答案。"只有当我们把他创造出来才知道这是大自然允许出现的。"既然事情已经发生了,科技既然已经参与改变了我们的生活,那么这是一个必然发生的事情。"我们从哪里来?"袁老师从物种的起源到发展,讲到如今,我们发现人类在不断地进化,如果有一天我们可以永生了呢?我们会放弃繁衍这一本能吗?随着人工智能的不断发展,机器人是否会成为一个超级新物种而取代人类成为"永生的人类"?袁老师引用顾老师前几讲的一句话:人类自我意识萌发,知道自己与世界的关系,世界开始对人有意义,让我们再次深思人与自然与人工智能的关系。

16120003

我是一个乐观的悲观主义者。我觉得人适应环境是人生存的天则,无论你愿不愿意你都得这么做,完成自己在社会中的生存使命。即使人类在基因传递上不再进化,不再用自然选择的方式完成进化,人们总是在适应环境而不会坐以待毙。我们只是换了种进化的方式,动物的基因进化强化身体的能力来适应环境,现代人类牺牲身体的强壮依靠大脑占得头筹,为什么基因进化就需要是固化的,由基因传递物种竞争而存在呢?难道社会资源占据的多少,地位、金钱等现代社会评判的标准不是竞争的另一种高阶模式吗?人们可能不会饿死,但是人类所持有资源的情况影响了配偶的选择,导致了后代的强弱势。未来在永生时代,我们可以认为虽然所有人都长存于世,但是为了改善生存条件,人们所付出的努力和为了适应社会从而得到更多社会资源配比的情况不会减少。所以人不会止步不前,人在爆炸的资讯下所要求掌握的东西越来越多,所锻炼的能力越来越高阶,并不是我们假想的两手一摊被人工智能服务。就好像现在的社会,我们的生活越来越便利,但是我们的生活并没有变得轻松,我们被要求掌握的技能越来越复杂,我们只是把洗衣服做菜的时间换成了编程、学英语、接受各种资讯来增强我们的竞争力的时间。竞争在人工智能出现后,非但不会减弱,反而只会加大,有压力有目标有愿景,就不存在一个停滞不前的人。我们总是忽视个人的能力的开发,但是进化速度其实印证了信息和环境的多变性对人的进化速度的影响有多大。为什么近几百年上万年人的进化速度高于更早的过去,因为人所应对的任务越来越难,我们在给自己找事做。我们明明可以打猎偏要种植,我们造工具看似为了偷懒,但创造所付出的智力劳动一点不少,创造所付出和给大脑带来的变化不可预计。老师说爱因斯坦只有一个,人工智能时代由于进化的停滞,再也没有新牌的重新组合,再也没有自然随机的美了,但是我们不能

忽视爱因斯坦是由于他研究的是物理,天天想着高深的解决世界是什么的问题而开发了大脑的这个前提。聪明人为什么聪明?因为想得多,想得多勤于思考本就是一种天赋属性,并会逐渐拉开差距,而不那么聪明的人懒于思考本就没有多想一步的思维习惯。所以真的当生存要求我们强调大脑能力的时候,所有人都会去学习满足时代的要求。而社会不同的分工又导致了每个人都在专项领域里和人工智能互相促进,这下一次进化难道就不会是自我进化和更新吗?人工智能带来挑战,人类也没那么容易服从,它若真的开始代替人类,那么被代替的人不会不满而造反吗?人永远是随着环境动态发展的,尤其人工智能时代,手脚动得少了,但是大脑会更加忙碌。劳动型工作的机会丧失了意味着人们都需要强制做脑力工作,客观上加快进化速度,人的大脑在信息爆炸的时代会被新的信息不断刺激从而不断演化,所以我并不相信在人工智能时代人类就会因为基因本身的确定而不再进化。相反我看到的是一种不依靠遗传突变的传统竞争方式而产生的进化机制。我把它称作在人类社会基础上所产生的进化,不是生死之间的进化,而是由物质和精神生活引发的自我进化。人使用了工具非但没有停滞,相反因为工具带来的更多可能性看到了新的视野和存在,而进一步发展。所以整个人类史都是人试图偷懒但不断给自己找事情、不断挑战自己的过程。更何况其实人对人工智能的便利性不如老师想的那样会把权利全权交付,而是由顾老师和我这样的人提醒随意发展人工智能的危险。而人类社会恰恰其实是被少数人引导的,聪明人对平庸者有启发性,他们制定的规则被执行。所以当人类真的被提醒人工智能有负面影响的时候,不是由大众决定限不限制,就好像学界限制基因编辑,人工智能真的要代替人类之前一定会有导火索信号释放,也一定会有前瞻性的人达成共识约束技术的发展。所以新技术其实不可怕,我们应该是不断去认识它了解它,理性地看待它的正负面。人类这么多年的进化都过来了……社会永远有天才也永远有大多数人,天才累计时间的进化也不一定比自然随机选择产生的来得弱,普通人做好普通人的事,跟随时代进化到自己能力范围内能达到的水平未尝不是一种进化方式。何况在永生时代人类不可能在达到永生的基础上还一无所知,所以我们会逐渐把基因的随机性也交给人工智能作出一个算法排序来判断各种基因组合的优劣,不一定完全但至少可以显示出更多的信息。人工智能用来进化人类也是一种可能,当然对技术有所敬畏是我们与人工智能和谐相处的必备条件……我还是抱有希望。人很多时候是愚蠢的,但大多出于利益,在生存面前自然选择特性会让人尤其谨慎。

16121037

听了袁老师关于人类进化历史的讲解后,我的第一个想法是:智能所具有的杀伤力真的强大!前后更替一直是人类进化的路线,而智能在进化过程中起着极为重要的作用。只有拥有强大的智能,才能不断地击败对手,占有对方的生活资源和生存空间。这种进化方式,在人类数百万年进化史上,从未止息。很多时候,我们常在想人类的下一次进化什么时候到来。照目前来看,AI的更新速度将远远快于人类本身的进化速度。或许,当人类的下一次进化还没有来临,AI已经作为一个独立的物种存在了。那么,人类本身可能就是AI征服和碾压的对象。目前,因为智能的存在,人类仍然是这个星球上最强大的物种。但面对AI,我们或将渐渐失去智能的优势,甚至正为自己培养更为强大的对手。我认为,AI将会改变人类进化的方向和形式,也就是从肉体进化转变为智能进化,包括基因在内,人类都将被智能所替代。作为智能的优化载体,AI将走向前台。从更长的时间跨度来看,我们的永续决不是以肉体的形式,唯有智能可以在进化的长河中长存。

16121395

人虽然来源于自然,但人类无时无刻不想着改造自然。然而在某种程度上,尊重自然是维持人类在地球持续生存的唯一办法。袁老师的讲述顺着人类的进化足迹,讲明了人类与自然的关系以及人类是如何一步一步地想要改变自然,但或许在不远的将来人工智能将会发展出自己的沟通方式从而取代人类,这无疑是可怕的。虽然我们希望人工智能的发展能为人类提供便利,然而我们也必须认清现实和理想的距离,保持理性和谨慎。

16121899

对于人类是否会被人工智能代替,我持开放性态度。如果这种情况确实在未来发生了,那也是正常的物种更替。越是高等的动物,其存在时间就越短,地球的历史已经向我们证明了这一点。食物链顶端的物种受到的考验会比低等物种多上许多,所以其适应环境的能力变得尤为重要。人类发展至今,一直以改造世界作为延续、发展物种的方法,而这种行为模式似乎已经遇到了瓶颈:自然资源的逐步匮乏,地球气候的变化等等。而人工智能的方法则为人类指明了一条新的发展方向,即通过机器辅助改造自身。在人类目前的认知范围内,人工智能对我们绝对是利大于弊

的,它可以辅助人类高效率工作、解决过去难以解决的问题,甚至延长人类的生命,改善人类的健康。毫无疑问,人类势必在这条路上越走越远,以此实现"人类"这个物种的再一次"进化"。我认为在我们目前这个时代就给人工智能的发展设下过多的条条框框,是一种过度谨慎的行为。现阶段而言,我们应该大力推进人工智能的发展,而不是整日活在猜忌人工智能是否要加害于人类的阴影之中。人类不会是自然进化的最终答案,优胜劣汰的规则不会停滞于人类这个种族,人工智能对人类来说是一种机遇也是一种挑战。能够将人工智能转化为完全安全的工具,自然是最佳的情况;但假使人类最终被人工智能淘汰,也是一种自然选择吧。

16121976

　　自然的东西才是最好的。但是我们没有权利因为这个东西不是自然的就拒绝她参加"选美大赛"。在生活中,我们不能否定不自然的东西的存在。就像人造肉一样,我肯定不会吃,但是人造肉可能确实可以减轻自然畜牧业的压力。人类在不断进化,人类的进化是通过遗传和变异进行的。当我们繁衍下一代时候我们才有机会进化。袁老师提醒,当人类实现永生的时候,也就结束了进化。我们永生的时候由于环境压力肯定不会选择继续繁衍,那么我们很可能会被人工智能全面取代。这是非常值得思考的问题。我的观点是我们未来可能真的要给下一个时代的智慧生物让路,就像恐龙一样,都是有定数的,我们或许只是漫漫历史中的一小部分,不会成为永恒。

16121982

　　阅读顾老师的《人与机器:思想人工智能》,我有收获。当人工智能发展到一定程度,人工智能无法受到人的限制时,我们就不能再把人工智能看作一种工具,也就是"器"。霍金曾非常肯定地说:"人工智能在并不遥远的未来可能会成为一个真正的危险。"在他看来,人工智能并不能视之为"器",在未来,它可能跳出人类的手掌,并给人类社会带来毁灭性影响。我们很难遏制其发展。正如袁老师所说,人类往往会大力发展让自己生活更方便的东西。

16122740

　　袁老师从人类的起源、发展到未来作了详细的描述,让我们看到了未来人工智能3.0的存在。然而,当真正的高级人工智能时代来临,当人类真的能够达到永生之时,人类的文明是不是也该到了终结的时候?人类驯服了野兽,通过饲养来解决饮食;人类发明了机器,通过生产来释放双手；现在，人类发明了人工智能，通过运算来解放思想。以后，当一切事物都能够辅佐人类之时，人类的存在又有什么意义，人类将何去何从？君子使物，不为物使。工具，这个在人类发展的历史中扮演了重要角色的名词，无论物质还是精神，作为外物要想恰当地被人类所使用，而不被其束手束脚，唯一的办法就是要发挥作为人的特有才智，学会不断地更新工具和思想，而不是过度依赖。正因为如此，人类不应该将永生作为终极目标，反而应该思考自身存在的意义与价值。人类追求永生，无非是害怕死亡。但是死亡的本质，也就是回归自然。当人们真正明白自己也是大自然的一部分时，生与死的界限也就不再分明，无法永生的烦恼也就不复存在。从治未病到永生，人类其实真正在追求的是完美，是那个敢于突破自我、追求无限可能的决心。在追逐的路上，不要迷失自我，善使物而不拘泥其中，人类便大可不必担心所谓的未来危机。

16122858

"人类需要大自然，大自然不需要人类"。在人类没有出现的几百万年前，大自然就存在了。我们一直在呼吁要保护大自然，其实大自然根本不需要我们的保护，大自然有自己的自我调节系统，人类要保护的是我们自己，保护的不是大自然，而是维持适宜人类生存下去的自然环境。我们要对人类的命运有预见，不要被利益蒙蔽双眼，自我埋葬。

17121695

这节课我觉得很有趣的地方，在于老师说的"物种的进化可以是一种算法"。如果我们是一只猴子，我们看到香蕉，但是香蕉下有一只狮子，我们会不会去吃香蕉。此时的抉择过程和计算机的算法相似，而且留下来的只有算法正确的猴子。然后老师自然地为我们引出人工智能是否会代替人类现有的状态与规则，成为新的进化方向。在此之前，我一直把物种的进化看成是很玄的东西，太多天时地利人和的外在因素，而现在这样说来就很直观地说明了自然选择的方式，也与人工智能联系了起来。人类要延续下去，就是基因要延续，进化下去，在这方面我们不能给机器让步，给基因编辑让步。所以，我们既要大力发展机器智能，又要注意把它控制在人类已知的或者能够预见的范围内。

17120204

生命的意义有一项在于多样性。不一样的生命有不一样的美。然而，纵观当前的学术界，学术的研究方向原本是多样的：每个学科都会有每个学科的前沿研究方向，而这些研究方向本来并无任何关联。近些年，人工智能变得"火热"以后,各学科的前沿研究方向都在向人工智能倾斜,各个学科的顶尖科学家都在尝试将本学科的知识与人工智能进行交叉。学术界的思想,已经在"人工智能"概念的出现之后出现了"大整形"——大家都在以人工智能为标准进行着研究。若是这一现象现在只是发生在学术界,在几年或者几十年之后,这些学术成果会渗入人们生活的方方面面。到那个时候,人工智能会不会统治我们的生活?换句话说,人工智能是不是已经迈出了取代人类的第一步呢?

17120351

顾老师用"整容少女能否参加选美大赛"的问题导入课程。这个问题的背后其实就是自然与科学干预的对立。选美选的是自然美还是人工美?这个答案就少了许多争议。永生问题也是如此。生老病死是自然,而追求永生就是科学干预。我认为科学干预生命是有极限的,人与自然从来不是掌权者与臣服者的关系,人类依附于自然,利用自然,自然孕育了人类,却也不在乎人类。使用科学干预生命是一把双刃剑,它可以改变我们的基因,把人类变得长寿、强大,却不可能也不能把人类变得永生、无敌。如果科学干预没有极限,那人类将会滑向深渊。

17121251

整容美女可以参加选美大赛吗?这个问题的本质就是天然美和人造美是否可以放在一起比较。人与自然是什么关系?老子曾在《道德经》里说过:"人法地,地法天,天法道,道法自然。"这高度概括了人与自然的关系,深刻揭示了人们"回归自然、天人合一"的道理。大概意思是:人们依据大地生产劳作,繁衍生息;大地依据上天寒暑交替,养育万物;上天依据大"道"来运行变化,排列时序;大"道"则依据自然习性而顺其自然。袁老师从人类进化、繁殖方式、智能3.0三个方面进行讲解,讲明人类的进化也是符合自然之道的,从黑猩猩进化成人,并非是一瞬间的事,而是经过了一个漫长的演变。未来会有智能3.0版吗?我认为无论出现与否,人类都需要有忧患意识,不能一味地追求便利、高效,而忘记自己生存的使命。

17121487

顾老师抛出讨论题。本来我挺支持整容也能参加选美大赛的,后来我发现我的思想过于简单。顾老师提到了很重要的点,就是美的标准是不唯一的,但整容的标准在逐渐统一中,如果整容女也能进行选美,那么美的标准也会逐渐统一,不再体现自然性,也就不再多样。人类和其近亲黑猩猩的基因序列仅仅只有 1% 的不同,而我查到人类不同的两个个体之间的基因序列的差异只有 0.01%,但大自然恰恰是利用这 0.01% 创造出了每一个人都因人而异的思想和外在。但智能机器是流水线上生产出来的东西,它们之间不会存在这些偶然的差异。我想,这也是人类在进化历程中得以领先的原因之一吧。

17121986

袁晓君老师谈到人类的进化史让我很感兴趣。我一直存在着一个疑问:"猿人进化成人类是必然吗?"通过老师的讲解,我认为这应该是偶然中的必然。我们和黑猩猩都是同属同科的动物。700 万年前猿人开始从黑猩猩进化而来,最初我们都是黑猩猩,后来我们的祖先变为人类,这就是智慧和劳动的力量。700 万年前黑猩猩都是四肢着地前进的,渐渐的有少数黑猩猩开始为了做更多事解放了两只前肢而尝试双脚行走。经过数万年的时间适应了双脚行走,随之新生儿脑容量大大增加,生下来的孩子比黑猩猩的孩子要聪明很多,做的事也更高智商,包括思考能力、使用工具能力等。通过自然选择,高智商的黑猩猩越来越多,智商高的黑猩猩总会去选择一样高智商的作为配偶,于是种族的分化就出现了,变为猿人。后来就继续进化成了会使用少量语言符号的直立人,再后来脑容量继续变大,这些直立人越来越会使用工具并产生了系统的语言,这时就进化成了智人。

17122093

整容少女不能加入选美比赛。如果选择让整容少女加入比赛,而整容少女又当选最美少女的话,那大家都往这个方向整容,这选美比赛选的是人呢,还是技术呢? 人类一旦脱离自然,人类的生存也就成了最大的问题。人类需要自然,不仅仅是物质的支持,还有精神的寄托,人类尚且不懂地球自然,又怎能谈论其是地球的霸主。因此,对于地球,我们可有可无,对于我们,地球或许不可或缺。

17122247

我并不认为自然的东西就是最好的。首先,我们应该思考,自然所做的美与人工所做的美有什么优劣之分吗? 人与自然的关系到底如何呢? 从袁老师的讲课中,我们重温了人类的"历史"。人类并非是由上帝创造的,而是自然进化的产物。毫不客气地说,"人类是诞生于错误之中的"。人类从能够双脚站立行走,使用工具,创造语言进行交流,到现在在创造了机械所使用的算法,人类的大脑在不断地进步。而为什么人类是有性繁殖呢？因为这样能够增加人类重组的可能性，是利于人类进化的。人类在不断地遗传变异。但是，我们对自己的了解还是太少了。我们甚至对自己的了解还不及我们对月球的了解。而人类的永生又是可行的吗？我想，这是可行的，但是永生的代价呢？人类停止了进化，人类再也无法进步前进了，人类就止步于此了，人类的极限达到了。因为我们不停地探索，对未知的恐惧，对死的恐惧促使我们不断地进步。而人工智能又是否会替代我们呢？在我们不知不觉中替代我们吗？这个答案没人知道。但是我却发现，几乎大多数人都站在"人类中心主义"的角度去思考着人工智能与人类智能。这是非常不利于人类的情况。我们必须放平心态，走出这个误区，以更好的角度去思考未来。而奇妙的是，科学干预的上下限，却由大自然所决定。最后，我认为，我们或许会被人工智能取代，或者是成为他们，从而螺旋式上升到一个新的境界，以追求更高的上限与下限。无论如何，我们的上限都取决于无形的大自然。这就是自然美是最美的原因吧。

17122303

　　我们生于自然，适应自然。之后，我们利用自然再到保护自然。我们看待自然的方式一直在变。永远没变的有一条：人类需要自然，自然却不需要人类。这是一种规则，我们却身处其中。到现在来说，尊重自然、敬畏自然是我们保持的原则，拿科学干预生命其实和我们人类用科技干预自然一样，眼前的利益成长不代表对未来负责，想不到未来会发生什么，但却可以以此为鉴。我觉得科学干预生命一定会有界限，生命创造科学，让科学干预生命若没了界限，便成了另一种形式的科学"创造"人类，这样的倒置关系我们已经感受过，那为何不能去判断其行为的不合理性呢？

17122319

　　顾老师认为现代科学会导致人类不进化。我认为进化就是为了生存，为了种族延续，变异是为了对抗未来环境的改变。现代提供了新的方法来抵御或消除环境改变对人的影响，这种方式更加可控，更有操作性。变异出适应环境的个体还要看老天给不给面子，期间可能由于重大灾害导致人类文明倒退。所以科学就是保证人类种群可以延续的工具，是抵御环境变化的另一条出路。

17122820

　　整形女可以参加选美比赛吗？人造的美你是否能接受？人造肉你是

否能接受？一切问题指向科技所造就的"不自然"你是否能接受。我认为只要不对人类社会造成弊大于利的负面影响并且在符合法律伦理的前提下，可以接受。再说科技本身就是基于自然的产物，它可以超越"自然"，但是不能超脱于"自然"，对于自然本身来说并没有什么规则，存在即合理。然后，对于接受度的问题我认为，早有人提出过这样的想法：任何在我出生时已经有的科技都是稀松平常的世界本来秩序的一部分；任何在我15—35岁之间诞生的科技都是将会改变世界的革命性产物；任何在我35岁之后诞生的科技都是违反自然规律要遭天谴的。它是由英国的科幻作家道格拉斯·亚当斯所提出来的。这没有什么大数据作依据，但是由这个想法可以反映一定的人类对科技的接受度问题。对于大部分普通人来说，对后来的、未知、未普及的科技总会存在一份担忧，可能会造成主观上的一种偏见，从而造成人们接受度的不同。今天，袁老师带我们从生物进化的角度走了一遍生命诞生的历程，从"原始汤"到"智人"诞生，再到现在的现代人类，经过了万年的自然选择之后，人类成了"万物之灵"。现在，人类可以说站在了历史的分叉口，人工智能时代已经慢慢来临。科技进化的道路对人类这个物种来说已然没有了回头路。如何利用科技进化，也是选择，究竟是专注人工智能，创造一个更强大的种族，替代人类大部分工作来帮助探索宇宙，探索生命的终极奥秘，迎来人工智能3.0，还是利用科技来对人类自身进行改造进化，人工智能依然只是专业型的辅助工具，只是具有"有限智能"（依然受制于人类），抑或是两者兼有的共同进化。对于任何选择，我们现在都只能揣测评估它可能带来的影响。人类无法预知。但是，无论如何选择，我相信人类都有能力去做到，还是如何选择、做不做的问题，还是那句话："To be, or not to be? That's still a question."

17122905

技术是一种外在于自然的人工系统。它的出现首先表征着对生命内在性原则的打破。作为一种人类活动，技术是以事物的"有用性"为基准的，而有用性必然将生命从原先的内在整体性中抽离。在技术要求下，事物的生长过程、生长形态以及生长特性等原先属于生命内在生成的元素向外敞开；生成中的不确定因素被置于技术的视角加以考量，使之打上人为的印记而不再仅仅被自身拥有。基于有用性的价值尺度打开了自然生命的内在完整性，使生命开敞在技术之下并逐渐接受技术的干预与改造。

18120416

"整容美女可以参加选美大赛吗？"我认为不可以。首先，我不否认整容是一种变美的手段,合理的整容能给人带来美丽,但是所有的整容都是有模板的,是非自然的,整容美女参加选美不仅涉及一定的公平问题,还会引出一种观念的对撞:"流水线作品"是否符合选美的初衷?当越来越多一样的"网红脸"出现,选美还有意义吗?选美所想要找的美是不同的,是有灵性的,是生动的,不是呆板而千篇一律的。我觉得科学对生命的干预是要有极限的。技术对人类的改变就像是整容,合理合适的使用有助于人类变得更好,但干预过了线,人类"进化"成了机械人,不断地发展之后,再加上人造人等的出现,也许永生就可能等于被取代和灭亡。

17123183

本堂课程讨论了很多关于自然与人类关系的问题。我眼中的自然,是赋予了我们人类一切财富的源泉,包括人类在残酷的自然选择中的进化历程,还有万物赖以生存的各种物质基础,自然也包括我们今天所拥有的所谓的高度的文明,比如对自然神秘法则的探索,比如对人工智能的创造与开发等等。我们看似离征服自然越来越近,但实际上也还是自然的一部分。人类始终还是被利益和效率驱动的动物,一切都逃不开诱惑与欲望的力量,那就还是脱离不了自然的役使。所以人类最终会不会被人工智能所取代,人工智能又会不会被更加强大未知智能取代,或许也都是自然操控的历史。我们或许也常常会着迷于自然的强大和美丽,也常常妄图凌驾于自然之上,到底人们该怎么去对待自然是我们很重要的课题。虽然不同的人有着不同的想法,但是人们应该拥有感激,敬畏与反思。

17123184

从治未病到今天的追求完美,从古代走到今天。我也早就在思考,难道所谓的人工智能就真的这么智能吗?人工智能就目前而言,仍然还是代码驱动的机器,神乎其神的大数据也是人赋予的。我们别想着以后什么事都可以用人工智能来取代,因为科学是有边界的。我们做出来的人工智能都是基于我们现在所懂的知识,别把人类想得太全能了,要清醒地认识到什么可以做到,什么不可以做到。不要动不动就拿着大数据、人工智能当借口,不要以为人类是无所不能的。

17123471

选美大赛是否接受整容美女?整容便意味着不再"自然",如果每个人都按照一个模式刻出来,"美"就不再是"美"。美应该是多样化的。袁老师带我们回顾了地球上生物的进化史以及人种的演变,从原始汤开始,从无机到有机,各类物种灭绝,适者生存。人类发展至今,目光已经不再局限于有限的生命,他们创造了人工智能,并企图实现永生。殊不知,永生便意味着停止自然进化。一旦人类停止了进化,人工智能的机器进化就可能势不可挡,到那时,人工智能取代人类就轻而易举了。

17123988

这节课我感觉是比较沉重的。我们讨论的是人类会不会在不知不觉中被取代。我觉得这是一个大众的行为,而不是我们每个人通过分散的力量能完成的。世界终究是动态的,人类的永生是短暂的,会失败,被取代。《周易》当中的"易"就表明了这个观点。人类会因为变化而有存在在世界上的意义,如果不变,那么我们就不配存在了。

17124476

即将到来的范式转变不仅仅是一场技术革命,这是一种物种进化革命。人工智能不会完全取代人类,也不会与我们竞争。相反,我们可以利用它并整合到我们的认知中。如果可以的话,我们的进化方式将从生物方面更多地转向基于技术方向。并不是电脑变成超级智能体,而是人类变得更加聪明。人工智能革命将证明我们的想法是错误的。我们对地球以外几乎所有的东西都一无所知。我们不知道时间、空间和最终的生命是什么。

17127008

今晚课堂讲授的知识,在课前我都没去深入地想过。经过袁老师讲解,我突然发现这些知识挺有意思。我原以为这堂课会挺轻松,但顾老师讲的一段话,确实让我们深思。我们人都有这种心理,喜欢待在自己的舒适区,但是舒适区往往会让我们停止思考。最主要的是我们对这个过程还不自知,就像温水煮青蛙一样。我们停止了思考,人的进化就"窒息"了,智能3.0的时代也许真的就会出现了。

18120351

要让科学技术能够健康发展,能够更好地服务人类,关键不在于科学技术本身。因为科学技术往往是试错的结果,具有不可知性。人类科学研究的结果可能与最初的目的不相符,甚至产生副产品。以目前的科学认知来预判未来是不准确的,科学的精细化分类使得相同结果可能在不同领域有不同应用,而人很难总领全局。聚焦于人类自身,反省自己,可以使自己始终保持清醒,达成共识,形成人类命运共同体,才能够使我们在发展中不是只顾及自身,而被技术牵着鼻子走。只有更多地关注人类整体命运,才能使科学技术合理发展。

18120403

顾老师以选美比赛的引例告诉我们,当完美有了一个既定的标准,那么美就会趋近于单一,也就不再美了。当人将器官全部置换,那人还是人吗?什么是人?何为有机?物质是如何有机地创造出意识?袁老师向我们叙述了人类进化的全过程,并在最后提出了一个引人思考的问题——人是否并不是被人工智能而取代的,而是人利用自由意志将自己进化成了智能的?这引起了我回溯历史的兴趣。假如远古时代的猩猩拥有意识,自己的种族式微的现状很可能引发人类会不会取代自己的忧虑。但从我们视角看来,猩猩是我们的祖先,我们是由它们进化而来的。对它们,我们不会产生敌意,而是怀着一种对待先祖的态度将它们视作自己的原始人种。同样的,我们何惧人工智能?如果人工智能是进化的高级产物,人本身依旧延续,只是晋升成了更强大的种族。生物学上有排异反应,心理学上也有。现在的我们不过是将智能后的人视作了异己。回到"完美"二字。以前高中有篇作文,题目是评价曾国藩"求缺"的智慧,当时我难以理解——我能包容缺憾就已经很不容易了,为什么要追求缺憾?最近了解到日本的侘寂美学,让我对"求缺"二字有了更深刻的理解。不同于别的美学概念,侘寂主动追求残缺与不圆满,并以之为美。因为不完美是一种新的解放契机,虽然有形的美得以欠缺,但这之中却可以有深层、无形之美的追求。完美是人制定的,有了完美,必然有更加完美,那么之前的所谓完美也不复存在。主动追求无形的美,在不完美中达到永恒,是一种更美的做法。

18120410

袁老师从生命起源开始,向我们生动地介绍了生命是如何一步步演化,最后成为我们现代人的。我们经历了如此多的风雨才成就了我们,本应骄傲。可是顾老师的一番话让我深思。如今我们人类人权意识的觉醒,使我们更加关注如何使每一个人都享受做人的权利,而减去一些残酷的竞争,一夫一妻制就这样诞生了。一夫一妻制体现了我们超越纯繁衍的更深层次的思考。但若我们如今仅仅思考这件事本身,就会体会到一种悲凉。一是人类利用科学无限制地追求便利,最终创造的东西超越了人类;二是人类后来让自己永生了,于是我们彻底堵死了进化的历程,而我们的造物如人工智能超过我们,失去了进化的我们也势必被他们取代。我们谁也没法阻挡科学的进程,我们在便利中愈发停滞不前,人类似乎注定被淘汰,如同从前被淘汰的种种,在悄无声息中失去自己。

18120462
　　我觉得人工智能是否会不知不觉地取代人类这一问题还有待商榷。顾老师认为在全人类实现了生命永续后，人类无法再进行生物意义上的进化，转而只能寻求人工智能的帮助。在人类无法进化，而人工智能却不断进行自我优化的状态下，时间一长，人类自然而然就会被边缘化，从而被毁灭。但是我觉得人类寻求的可能不只有人工智能的帮助，人工智能是帮助人类进行脑力劳动的工具，然而人类更需要的还是体力代劳的工具，人类完全可以通过安全的体力代劳工具，如机械肢体等来强化自己，所以未必会对人工智能产生强烈依赖。再者，我们现在所发展的主要还是形式上的人工智能，它们并不真正具有自我意识，只是通过某种算法结合大数据机械地完成某项任务。我也并不觉得人类会对人工智能提供的帮助上瘾，因为思考是人类生命的终极意义，没有人会觉得一个失去思考能力的人还能算作存在。人类并不会因为由人工智能代替自己思考而感到快乐，甚至可能抵制这种状况。虽然人工智能方兴未艾，体力劳动的工具却是一个已然成熟的领域，人类也并没有因此失去对体能的追求，所以人工智能也未必真能弱化人类的思考能力。

18120468
　　今天的讨论让我想起了生物里面负反馈的概念。某一因素改变引起的变化会反过来遏制这一因素的改变趋势，其实人类和人类的科技之间也存在着这样的关系，当科学的发展超出一定的限度之后，会反过来阻止人类的发展。人类、自然和人造物尤其是人工智能之间的关系究竟是什么？人类对自然的依赖是否可以被对人造物的依赖所渐渐取代？我并不知道，但是在今天看来，在人类还离不开自然的情况下，我们需要保护现有的环境，同时要在便捷舒适的需求和依赖人造物之间找到平衡点，既让我们的生活更加便捷舒适，又不过分依赖于人造物。关于人类进化的宏大话题同样让我感触颇深。顾老师生动形象地将基因比作牌，让我对人类进化的积极意义有了更深刻的了解。从进化的角度看，在生命永续可行的前提下，一个物种中所有个体的永生是以整个物种失去进化活力为代价，进化停滞的物种是不是在某种意义上已经"死亡"了呢？人类之所以从所有物种中脱颖而出是因为人类拥有自我意识，但也正是人类独特的自我意识使得人类的进化偏离自然状态下的进化过程。"成也萧何，败也萧何"。人类是否会因自我意识而自我覆灭呢？我们担心人类在对 AI 的依赖中悄无声息地被取代，因此我们要限制 AI 的发展。从另一个角度看，这是否也意味着我们生活的宇宙可能对智能物种的发展有一个限制呢？是否意味着物种延续和科技文明程度之间存在着某种不可协调的冲突呢？

18120484

这堂课我深受启发。我以前从未从进化的角度想过人类与人工智能的关系。如果真的永生，人类的文明是永存还是从那一刻开始消亡。但是我也觉得也许可以实现另一种进化。虽说人类的进化已经很快了，但终究还有来自自然的一定限制。也许人工智能能使人类超越极限，快速进化，人类将不从基因进化，而是直接改造人脑，改造器官，实现进化。当然这只是乐观的想象。无论如何，我始终认为人类也是自然的一部分，我们只是在自然的规则下改变我们自己。

18121440

我们的科技从无到有，从蒸汽机到内燃机再到计算机芯片与光纤，经历了不止一次的从量到质的变化，可我们的大脑和几千年前的古人的大脑却几乎没有差别。这让我们不得不面对一个问题：知识在不断地积累，可是我们的认知能力却几乎没有变化。古时的智者上知天文下知地理，几乎就是一个文明的智慧结晶，而现在我们甚至没有一个哪怕仅在数学领域的全才。这是否代表自然所赋予我们的已经在开始束缚我们了？若是如此，那么智能技术是否是我们继续进步的唯一解决途径？我们又是否有再次进行自然的进化的可能？

18122128

顾老师从"整容美女"能否参加选美比赛这个问题引发讨论，我一开始是那认为可参加的一群人之一，认为每一种美都是其先天的基因以及后天的环境所造成的，而我们的审美也在不断地变化。既然世界上没有永恒的美，那么整容后的美难道就不是美了吗？这是我一开始所持的观点。但后来我改变了想法。是的，整容美也是美，不过要参加选美比赛，大家都会朝着评委的审美标准去整容，那么在比赛中只能看到千篇一律，而不是多样化的美。当美都固定化时，人的创意与思考方向也会变窄，这是我们所不愿的。科学也是如此，它可以干预生命，比如延缓老去，残疾不再，不过却要限制它。技术施行是有限制的，伐木工对树只看到它可以用作交易养活家庭，而环保主义者对树只看到它能保护环境。人会因为自身的环境而思维变窄，因此我们需要多样化，智慧的火花需要碰撞来产生，趋于统一只会逐渐沉寂。人工智能应该做的是辅助我们思考，而不是

九、追求完美，科学干预有上下限吗？

起主导作用，代替我们去思考。

18122445

顾老师最后那一句话，给了我们"棒喝"。也许从一开始，科技的进步源头就是来自人类想要追求便利，所以人们造船、造车、造通信工具，造家庭电器和后面的各种高科技产品，到现在，发展迅猛的人工智能忽然使人们产生了危机感，但是人们不能停下来了，谁也不能阻止全人类追求便利的脚步——当然人们称这便利为进步。进步，对现在来说是；但按顾老师说的来看，考虑事情是要看环境的。是啊，到了科技可能带来毁灭那天，只差一步，还要不要进步呢？我对科技进步并没有悲观。袁老师给我们介绍人类发展史，我依然相信人类的智慧、意识到了要毁灭的时候，依然会被便利诱惑吗？就好像袁老师说的香蕉、猩猩与狮子，最后留下来的，是既不会被饿死也不会被吃掉的猩猩。猩猩可以如此，经历了那么多年生存斗争活下来的人类，一定也可以。

18122961

整容美女也是可以参加选美比赛的。美是多样的。我认为是个人欣赏的眼光不同所导致的结果不同。我们在欣赏自然美的同时，并不妨碍我们欣赏人工美。只是我们需要保持自己的独特性与个性，不要沦为平庸。人类经过那么多年的不断进化，适应了自然，但我们却忘记时时审视自身。我们把自己当作自然的主人，我们认为自己创造了人工智能来解放人类。但事实上，大多数我们都陷入了人工智能的温柔乡，就像温水煮青蛙。我们发展到现在这样一个地步，全凭遗传与变异，不断进化。当我们的思想局限在用自身去衡量事物，去丈量世界，用现实去把握未来的时候，我们可能已经在渐渐淘汰自己。

十、
道法自然，永生能与痛苦相随吗？

时间：2019 年 5 月 27 日晚 6 点
地点：上海大学宝山校区 J201
教师：顾　骏（上海大学社会学院教授）

教　师　说

课程导入：

　　人类具有趋乐避害的本能。如果把死亡看作痛苦，那么生命永续也是消除痛苦的一种方式。死亡是不是痛苦？人类所有痛苦可能随着死亡一起消失吗？人活着，生命永续了，最大的痛苦被消除，其他的痛苦是否会被消除？如果死亡被消除了，死亡之外的痛苦仍未被消除，那生命永续还值得吗？很痛苦的生命，永续了干什么？生命永续必须以痛苦的消除为前提吗？痛苦的人生也值得永续吗？安乐死应该合法吗？安乐死不等于自杀。关于安乐死的讨论，根本的着眼点不在自杀，而在是否允许帮助他人自杀，帮助者是否有罪，这是安乐死合法化的关键。痛苦与生命是什么关系？生命应该拒斥痛苦吗？生命，并不只有快乐。人类有正常的痛苦吗？人类既为快乐所驱使，也为痛苦所驱使。人在痛苦中成长，在痛苦中成就，在痛苦中实现自我！古今中外的文学艺术作品中，许多都同痛苦有关。生与死，快乐与痛苦，是人类存在的永恒主题。悲剧给人崇高感，戏剧给人轻佻感。人生在痛苦中得到升华。痛苦对生命有什么意义？无痛苦的生命永续可能吗？"人无远虑，必有近忧。"如果有一天机器取代人类，那一定采取人类自愿的方式。人类生命背后是自然之道，破解生命奥

十、道法自然，永生能与痛苦相随吗？

秘，改变生命运行，实现突破自然限制的生命永续，看似值得追求，但由此而来的巨大改变，人类需要未雨绸缪吗？答案在每个同学的手中，也在你们每个人的人生中。

学 生 说

13120002

"道法自然，永生与痛苦能相随吗？"永生之后痛苦会消失么？痛苦不消失的永生你想要么？痛苦之于我们究竟有什么意义？这几个问题确实很引人深思。孟子几千年前就曾经说过"生于忧患，死于安乐"，这句警世名言早早就讲出了人类的天性——愚蠢与懒惰，人类是一种贪图享受的生物，没有什么比偷懒更让人向往的了。如果世界上都没有了痛苦，那该有多好啊。可是不要忘了，痛苦给我们带来的不仅仅是难受的感觉，更是痛苦过后引人奋进的动力。正是因为有痛苦，而人们不愿意痛苦，这才会进步。除非到达了那个世界的终极，不需要再进步了，那可能就不需要痛苦了。可永生不是终极，永生可能是一种进步的手段，所以人类还是要关注自身的命运，千万不可"死于安乐"。

15121509

今天，顾老师从安乐死讲起，再从安乐死过渡到讲述痛苦对我们生命的意义。"如果有一天人会被人工智能取代，那一定是自愿的，如果有一天我们会被埋葬，那一定是选择安乐死。"人都有趋利避害的本能，我们本能地想避开痛苦，因为这是人类的本能，但是我们为什么要拥有痛苦，因为痛苦也在保护着我。痛苦之于我们生命的意义是什么？按照一般的思维，我们都是选择快乐，而抛弃痛苦。但不是所有时刻这样的选择都是正确的。就如顾老师所说，如果我们打游戏就会快乐，那我们是不是就选择一直打游戏去获得快乐呢？如果我们每天想的都是如何享乐，每天都是随心所欲，对自己不加丝毫约束，那么我们的未来会是什么样？因此常常快乐并不是最好的，只有痛苦才能激励我们。生命要有痛感才正常。只有经历过苦难的一次次打磨，我们才能锻炼出解决困难的能力。人一旦有思考，就不会没有痛苦。我觉得没有痛苦这个命题是不存在的，只要有思维就会有痛苦。所以既然我们生下来就是受苦的，那为什么要躲避痛苦？有了痛苦，才让我们会更好地适应、更好地生活。

16120003

痛苦我们本能地想避开，但却永远也不可能完全避开。我认为人避开痛苦本质上没有错,因为就好像痛觉,你因为感觉到痛,才能知道威胁的存在,然后保护自己。类似的痛苦是一种心灵状态,知道躲避痛苦的人才不会被痛苦掩埋而陷入自怨自艾的循环。相反,没有痛苦心理的人就没有界限,没有情感。因为不知道痛苦,就不知道珍惜,体验不了离别时的悲伤。所以没有痛苦的反面是没有情感,是麻木,是没有快乐。但是人本能上想避开痛苦却没有错,因为我们要活下去,痛苦本身的强烈刺激对于人的生存必然不是一个有利条件,它对于生存状态是一种伤害,终日遭受痛苦的人不是产生各种身体疾病就是自己选择死亡——这不是躲避痛苦,这恰恰是躲避不当,被情绪所捆绑。在现实中我们必须要知道的是,痛苦我们可以尽量在行为上避开,但却永远不可能没有痛苦。因为躲避的苦也是苦,无聊的苦也是苦。没有自由的苦是苦,快乐得没有思考的苦更是苦,没有痛苦本身就是一种苦。谁说快乐就不是苦,没有痛苦对比下的快乐一文不值,因为只有快乐的人生一定是没有思考和思维的。人一旦有思考就不会没有痛苦。无论是人工智能的哪个级别都做不到,有吃的之后我们追求好吃的,吃好穿好后我们追求精神丰满,精神丰满后我们追求快乐和人生意义。思考过于频繁之后我们又陷入忧虑和不快乐,有真正的欲望达成吗?没有的。人活着就是为了实现一个个虚设的目标。所以,没有痛苦这个命题是不存在的,只要有思维就有痛苦。既然我们生下来就是受苦的,为什么要谴责躲避痛苦的趋利避害?那是智慧啊。你想要取得高分,躲避挂科的悲剧有错吗?没有。躲避这些东西的过程中,我们不需要付出努力和克服另一些痛苦。我们为了达到目的而需要变得不自由,但是如果那对于长远的快乐是有助的,为什么我们要排斥这种趋利避害?其实我们真正应该警惕的是快餐式的快乐,那种肤浅的即时享乐。因为长远来看,最迅速的快乐背后是无限自由带来的更大的痛苦。真正的聪明人是不会选择短暂快乐而换回长时间巨大痛苦的。我宁愿不要快乐也不要出现痛苦。可见快乐不是必需品,但痛苦令人畏惧。我们要习惯和痛苦相处,与痛苦终生为伍。因为痛苦是我们思考带来的副产品,你有情感就会痛苦。但是不是因为这样我们就要放弃情感?不,因为放弃了我们会更痛苦,痛苦只有比较级,没有最高级。一个活着的人就应该知道痛苦不是我们的目的,而是我们必经的道路,不用过分美化痛苦,没有人想经历痛苦。没病的人不会想得病,亲人健康平安的人不会乞求突然有变故来增加自己的人生阅历,来一个天降大任。我们只是在痛苦后寻找一种说辞来安慰自己,来赋予痛苦意义。因为痛都痛了,不如去赋

十、道法自然，永生能与痛苦相随吗？

予它意义。所以有些人经历痛苦涅槃重生，因为他反思了，他想要避免下一次的痛苦，所以他变强大了，而不是沉浸于痛苦，什么都不做。恰恰是因为要躲避痛苦人们才去努力，但平庸者没有那么好的自制力去克服短暂的痛苦迎来长久的安康。所以死于安乐所说的是死于自欺欺人。痛苦呢？深沉。我们不得不改变、去进化、去面对，所以我们才说要"感谢"痛苦。成长有时需要给自己找事，但是不代表我们希望一辈子都大风大浪，最后一无所获。我们想立业，想实现人生价值才去作出牺牲。不是我们爱痛苦，是我们知道牺牲快乐，懂得隐忍换取长久的满足感、幸福感。那是快乐的高阶形式。所以与痛苦自处，其实是必经之路。因为我们嫌弃它，自欺欺人地无视它不是躲避它的办法，我们只有在痛苦上收获生存的技能，才是不浪费痛苦的办法。快乐可以很简单没有意义，但是痛苦不行，如果我们不给痛苦赋予意义，那么它仅仅是让我们变得更不好了而已。痛苦是成长是蜕变，把痛苦变成快乐，我们才能尽量地在生活中活出一些门道和滋味。你在和痛苦打交道的时候才不会歇斯底里，只会想老朋友你又来了，虽然我不想见不打招呼就来的你，但和你相处好是我能做的唯一不失体面又让你的到来变成快乐的一种方式。接受痛苦在生命里的存在，会活得比较愉快。

16121037

"生于忧患，死于安乐。"顾老师以这句话作为本学期课程学习的结束语。细细想来，颇有一番意味。幸福，就是生命的全部意义吗？听完这门课，我想答案是否定的。如果生命有着它的意义，那么所经历的痛苦也一定是有意义的。人世间，有喜有悲，每个心灵的深处都有着痛苦的一面。就我个人而言，经历过开刀手术的切肤之痛，也经历过丧失亲人的离别之苦。虽然那一瞬间痛苦到极点，但我并不因此而长久地痛苦，反而时刻提醒自己要在痛苦中成长和看到积极的一面。因为活着便是受苦，要活下去，就要在痛苦中找出意义，这大致是我化苦为甜的办法吧。很多时候，如果我们过度追求幸福与安逸，往往都会得不到，甚至丢失许多有意义的东西。我自认为自己是不够勤奋和缺乏目标的，而我的身边不乏那些有着明确奋斗目标的人。他们会把满足生活的标准定得很高，虽然在当下他们比那些没有奋斗目标的人"痛苦"得多，却活得更有意义。我一直在想，"安乐者"与"痛苦者"的区别到底在哪儿？在最后一节课中我或许有了一个答案，即体现在思想层面上。我们生命的意义就体现在它的持久性上。它不是一瞬的事，而是连接着过去、当下和将来。思想可以超越当前,连接过去和未来,与一段充满意义却异常痛苦的生活相联系,而"安乐"却在关于过去与未来的思考中难觅踪迹。感受到痛苦,往往是因为我们不解;在痛苦中不可自拔,常常是因为我们尚未顿悟而不够释然。万分感谢能与"生命智能"这门课程相遇,感谢老师们的辛勤付出。我感受到了生命之喜忧,激励我直面生活,勇往直前。

16121253

本次课程的主题与之前的相比略显沉重。我认为,永生是不需要消除痛苦的,酸甜苦辣咸,样样都是人生五味。人生五味俱全,缺少了哪一种,都会失去原本真实的味道。永生也是活着,所以为什么要消除痛苦?苦乐同行才是完整的永生。关于安乐死是否该合法化的问题,我认为合法化是势在必行的,人有权活着,当然也有权决定自己的死亡。课上说的在他人不知情的情况下为其执行安乐死是绝对不可行的。本次课程画上了句号。到了结束的时候,我才恍然若梦。短短十周,各位老师让我了解到了生命的哲学和新兴科技,更学会了一些辩证思考的方法,我表示由衷的感谢。

16121899

痛苦相随的永生是一种诅咒,然而永远快乐的永生同样是一种诅咒。七情六欲是人之常情,靠多巴胺促成的快乐不是真正的快乐。因为快乐是相对的,失去了痛苦的对比,"快乐"就会变得毫无意义。人能长时间沉湎于痛苦,快乐却只有一瞬。因为快乐仅仅是一种补偿的机制,驱动着人类朝着他们认为正确的方向前进。"悲剧"一直是人类历史的主基调,我们热爱悲剧故事,为"物哀"的忧伤发出由衷赞叹,正是因为从悲剧之中更能衬托出对人类精神的礼赞。失去了痛苦的能力,变相等于失去了创造的能力,失去了前进的动力,失去了人之所以为人的基础。正如赫胥黎的反乌托邦著作《美丽新世界》一般,靠药物、催眠强制使人快乐,显然是一件很可怕、很有违人伦的事。所以即便要永生,也不能去除痛苦。当然,我一直认为人类不应该永生。永生的实现,很有可能正是人类灭亡的起点,有太多的未知令人感到恐惧。通过生物、医学技术改善人的生活质量是福祉,但强行违背自然,妄想人类永生却很有可能是祸患。对于安乐死,我个人非常赞同。安乐死目前最大的争议还是在于尺度的问题,但是除去没有自主意识的人不能安乐死以外,我认为正常人完全有权利选择安乐死。人类没有权利决定他们是否出生,但有权利决定自己是否想要死亡,我认为"死"是一个人应该永远保留的基本选择。安乐死在这种前提下变成了与所有的牵挂摊牌,并由医生判断这种行为理性与否的一种"自杀",显然,这比普通的自杀更有尊严,更为体贴。

16121862

……不论你处在多么优越或者充满人工智能的时代,人们对快乐的需求标准也会逐渐上升,到那时现在我们认为的快乐可能就会变成痛苦。痛苦是不可避免的。顾老师告诉我们痛苦并不是坏事。人们往往在趋利避害的过程中,逐渐失去了对痛苦的承受能力,也失去了一种居安思危、未雨绸缪的警戒意识,被充满安逸快乐的生活所麻痹。顾老师让我们意识到这一点,那就是不要被人工智能所带来的安逸所蒙蔽。只有存在痛苦的生活,才会让我们感受到快乐的价值所在。

16121982

痛苦是我们人生的一部分,把痛苦彻底抛弃,只会让我们失去更多。痛苦对我们生命的意义是非凡的,它的确有可能把人击倒,但是只要你能爬起来,那下一次就很难再被击倒。生于忧患,死于安乐,一味追求安逸的生活,只会让人更快灭亡。把这一思考转换到人工智能也是如此,现在的人工智能远没有威胁到人类的存在,但谁又能说以后还是这样呢?我们要有危机意识,小心谨慎地发展人工智能。我最初选这个课,是因为看中"智能"二字,认为这门课会给我们介绍一些高端前沿的智能技术。但其实不然,这门课主讲"生命",让同学们对"生命"这个概念有更深的认识,引发我们对生命及其意义的思考。一个人思维的高度决定了他人生的高度。通过十次课程,我认为老师们预设的教学目标已经达到。每个人都是有独立人格的生命体,生命的价值无法比较,每个人的人格都是平等的。

16121984

本次课主题较为沉重,人们大都喜欢快乐喜欢轻松的东西。现代社会短视频普及,短时间内输送高度的快乐感,大数据根据你的浏览记录提供你想看到的。就像顾老师说的,你喜欢看红色的东西,他就给你推送红色的东西,时间久了你就以为世界都是红色的了。如果说之前的课程让我们直视了生命平等这一问题,那么这次的课程让我们思考,舒适圈是否真的舒适。痛苦是发展的驱动力,会带着你思考,痛苦过后你会获得成就感,而待在舒适圈里,久了你会有空虚感。青年人是社会的中流砥柱,处在这一时期,应该要为自己为社会谋发展,应该要思考人生的意义,应该建立正向思维。人工智能会代替不思考的人,我们需要思考。感谢老师们这一学期在讲授课程知识、开展思想教育以及科普前沿科技方面的辛勤付出。

16122858

今天是"生命智能"最后一次课程。相聚总有离别时,我们在掌声中圆满结课。感谢顾老师及顾老师团队的老师们带来精彩课程,真的让我受益匪浅。最后一次课"道法自然,永生能与痛苦相随吗?"谈到安乐死是否应该合法化的问题。是否能允许帮助他人安乐死?帮助者是否有罪?这两个问题是安乐死合法化的关键,让我对生命的理解更深了一层。其实,顾老师是想通过最后一次课,关于痛苦这一沉重的话题,引领我们,在痛苦中磨炼自己的品行,给予年轻人忠告,与我们道别。

16123045

每一个人的生命都是平等的,每一个人都应该得到尊重,每一个人都有决定自己是生是死的权利。安乐死,不可取。因为痛苦是我们人生的一部分,把痛苦彻底抛弃,只会让我们失去更多。痛苦对我们生命的意义是非凡的,它的确会把人击倒,但是只要你能爬起来,那下一次就很难再被击倒。生于忧患,死于安乐,一味追求安逸的生活,只会让人更快灭亡。也就是说,生命伴随着痛苦,这是恒久不变的。把这一思考转换到人工智能也是如此。现在的人工智能远没有威胁到人类的存在,但谁又能说以后还是这样呢?人工智能会统治人类?我们需要有危机意识,小心谨慎地发展人工智能。

17121463

第十堂课,"生命智能"的最后一堂课,我感慨时间之快。相伴一个学期,十个星期一的晚上,J楼的碰面,思维的碰撞。今天的主题是:"道法自然,永生能与痛苦相随吗?"从一开始的问题引入:生命是不是可以因为太过痛苦就放弃,或说安乐死可以合法化吗?我是赞同安乐死的,虽然这样会赋予医生剥夺他人生命的权利,可是生命的价值就只是存活这么简单吗?这样是不是简化了生命或说看低了生命?当生命只是存活这么简单的时候,生命的宽度会突然变得狭窄。当然,关于安乐死的重要思考是:可以因为痛苦而放弃生命吗?我依然赞同,当痛苦无法避免且没有意义的时候,痛苦只能是一种折磨。对于病人来说,存活只是无意义地等待死亡,生命的主动性没了,生命的多样性与可能性没了,只剩下无尊严地等待死亡。但对于青年人来说,可以因为痛苦而放弃生命吗?这个当然是不能的,母亲们可以说因为分娩很痛苦就放弃婴儿吗?这显然也是不可能的。青年人如此,不能因为痛苦而放弃生命,因为它们可以让你的生命变得更坚韧,让你的以后变得更多彩,这是一种可喜的期待。而任意放弃,只能埋葬自己生命的活力与可能性。你轻易放弃想要的,生活将会失色暗淡。悲剧因为痛苦而给人力量。感谢所有老师,你们的陪伴与辛劳付出,让课堂有声有色,韵味无穷。这既是知识的盛宴,也是生命的洗礼。

17121487

最后一次课着实让我感动。小顾老师带着我们回溯这学期的内容,一位位老师再与我们见面,让我又想起了他们讲课时的模样。今天的课也很欢乐,让我感悟了很多,关于生命智能,关于思想和方法。我觉得这门课与别的通识课的最大区别在于,它不是传授知识的,而是启发思维的,教会我们面对一个问题,不能仅仅从单一的层面去回答去理解,而要想到相关的限定或原则,以及某些条件的异同,教会我们多面地看待问题,启发扩散性思维。

17122116

今天是最后一堂课,可老师们没有一点懈怠。今天,我们探讨的是痛苦的意义。生活中我们总是努力去避免痛苦,所谓趋利避害。可是痛苦能够完全消除吗?应该完全消除吗?我想大多数人其实都会不假思索地回答"是的"。可是仔细想想,如果没有痛苦,我们的生命里是不是有很多精彩瞬间会变得灰暗?感觉记忆里有很多闪光点突然都变得不重要?痛苦是人生命里独特的存在,它深刻而不可替代,日久天长,痛苦的感觉会渐渐消失,但那瞬间的记忆永远都那么深刻,甚至历久弥新。最后一节课我感觉很有仪式感,为每一位老师鼓掌欢呼,为每一位老师送上礼物。我们像认识了很久一样熟悉。听着顾骏老师开玩笑,还感觉有些不真实。突然,故事就讲完了。大家散了。感谢每一位老师对"生命智能"的辛勤付出,没有你们,就没有这门精彩绝伦的让我们脑洞大开的课程!

17122247

最后一课,也是最为深刻的一课。"道法自然,永生能与痛苦相随吗?"人生的痛苦是有意义的吗?人类的行动受快乐的支配,也受痛苦的支配。如果我们为了快乐而割舍痛苦,那永生又算得上完整的永生吗?痛苦本身拥有自身的意义。如果永生不能够与痛苦相随,我们每一天都活在快乐中,那我们又能够得到什么人生意义呢?我们每一天活得如此快乐,我们无须担心生命的结束。我们如同生活在画作之中,永远美丽,永远年轻。但是，如果一年四季都是春天，那么绿洲也将变成沙漠。没有痛苦的永生将变得索然无味，我们的人生也无法探寻到自己的意义。"你还记得自己吃过几片面包吗？"人生之中存在着太多细微但又重要的细节，细微到人类几乎忽略了它们；重要到缺少了任何一个，我们都可能变得不是现在这样的样子。完整的人生不应该离开痛苦去谈，否则我们将失去最初的意义。但是我们本能地厌恶着它并且极力躲避。我们应该勇敢地接受，学习面对痛苦，这样的永生才有意义。这门课的核心在于，提出我们在其他时间很难思考到的问题并且激烈地讨论。我们作为人类，拥有自己的自由意志，但是我们的思维、我们的思想却被束缚着。任何知识都可以随时随地学习，只要我们想去做。但是思维的拓宽是人类想去做而很难完成的。更何况人们都习惯于认为自己的思维宽度深度足以应对任何事情，很难想到要改变。我庆幸自己能够选到这门课，让自己的思维得到拓宽。

17122303

永生不可能带走痛苦。快乐和痛苦是并列存在的，我们所称的痛苦往往有一些感觉上的比较。若永生能带走痛苦，我们对快乐或者其他感觉失去了理解，所有的一切都是乏味和平淡的。我们希望的永生仅仅是身体的永生吗？当然不是！"生命智能"的十堂课，我学会了两个词，一个叫"规则"，一个叫"等价"。我们年轻人应有的自由不应当是肆意妄为，而应是在规则之内展现自我。生命无贫富贵贱之分，那是一切的起点，生命是等价的。我们更应当学会的是去理解应当理解的，感受应当感受的，而不是去理解感受和感受理解，这或许是对待所谓的感性与理性的方式。

17122319

生命的意义在于成长。所有合理的、有利于成长的东西我们都不应该拒绝，所以面对痛苦、挫折我们不应该逃避，而应正视它，打败它，获得成长升华。人工智能是用来提高社会生产力、解放劳动力的，并不是用来避免痛苦的，如果我们将来沉浸在人工智能所创造的安逸环境中，被人工智能取代将是一个大概率事件。警惕人工智能，生于忧患，死于安乐。感谢老师们的辛勤付出，让我获得思想的升华，这是我在其他课上所未得的。

17122307

这堂课让我深有共鸣。我成长到现在，确实是痛苦鞭策着我前进的。一个社会若充斥着享乐主义带来的虚幻梦想，及时行乐风靡，往往很多时候很多人都没有在合适的时间行合适的乐。前几年，有人割肾买苹果，被乐冲昏了头脑。诚如老师所说,鸡汤的作用是让人们忘记痛楚。从我个人经历来说,折断的骨头却是最好的课本。高一的时候,一时年少轻狂,容不得半点逆耳之语,骨折,开刀,留下了难看的疤痕,还有破裂的友情,以及一大堆的烂摊子。高二,姑父去世,我未能报恩,体会到了亲人的重要性,等等。很多时候痛苦才是教会人们去成长去改变的转折点。放到人类这个群体来说,人们没有了痛苦,能不能做出物种上的改变进化?会不会被人工智能温水煮青蛙似的取代?痛苦从宏观上来说也对人类的进步有着鞭策作用。

17122820

今天的话题是关于安乐死是否能合法化。我觉得是两难。因为如果合法化,难免会有人动坏心思,利用法律;可是同时也会有真正需要的人。我觉得在今天这个老龄化加剧的社会中,这个问题应该被重视。面临问题就解决问题,即使合法化面临许多困难,我们也不能忽视真正需要的人。最后的课堂总结,同学们都发表了自己内心真正的看法。他们的心声也是我的心声。人类不能只顾眼前的知识技术,忽略人文道德的约束。

17122905

这次的主题是关于永生和痛苦的。永生意味着你有无限的时间,一开始你可以尽情地去做各种各样有趣的事,但是最终你是会玩腻的。在无限的时间里,你把相同的事情做了一遍又一遍,到最后你只会感到无聊,生无可恋,陷入无边无际的痛苦之中。我们可以追求更长的寿命,使自己能够去体验更多美好的事物,但是不应该去追求永生。我们没有长生不老过,所以对此难以理解,谈论永生是否痛苦,和夏虫语冰也差不多。但不妨把这个尺度缩小,也许就能够理解永生的痛苦了。奥地利作家茨威格有一本小说叫作《象棋的故事》。小说主人公是一个象棋水平堪比世界冠军的高手,而他练就这一身本领的方式却痛苦不堪。主人公被抓进了监狱,然后与世隔绝。一个偶然的机会他获得了一本象棋棋谱,在漫长的监禁岁月里,只有这本棋谱相伴。于是他就像闭关修炼一样反复阅读反复思考,最终成为象棋高手。他说他感谢偷到的是一本棋谱,如果是一本小说,等他倒背如流之后岂不是就生无可恋了?如果把时间尺度放到无限长,那么无论多么丰富多彩的世界,恐怕也终究像是一个牢笼。终有一天,丰富多彩会变成索然无味,接下来可能就是无边无际的痛苦。

17122906

顾老师从是否应该支持安乐死的问题,引出了与痛苦有关的话题。

痛苦是我们每个人都要面对的东西，无论是肉体上的还是精神上的，我们都无法避免遭受痛苦。但经受痛苦也是生命的一部分，如果没有痛苦，人类又如何进步呢？人都是喜欢安逸生活的，但是只有痛苦才能驱使我们进步，人只有在经受挫折的时候才会去反思自己的所作所为。一旦永生使得人类感觉不到苦痛，达到永远安乐的状态，可能就会迎来灾难。因为生命的价值不在于快乐，痛苦也是生命中的必要部分，包括消极情绪。感谢所有参加这门课的老师，是你们带着我思考生命的价值，并教会了我思考问题、看待问题的方法。

17123183

最后一堂课，我们从对生命智能的探讨中逐步走到了今天这个较为沉重的话题：生命与痛苦。生命中难免有让人不悦的痛苦经历，这些经历或许会让我们产生厌恶甚至是畏惧的情绪。因此我们常常是不停地追求生命中的快乐，但是我们时常还是摆脱不了痛苦的折磨。它总会是人生的一部分，甚至是大部分。难怪人们总是感叹人生不如意之事十之八九。无论是欢乐还是痛苦，这都是人生中不可或缺的经历。对于欢乐，那是我们大部分人的追求，这常常促使我们努力奋斗，成为生活的指引和动力。但是很少有人能够享受痛苦，痛苦的作用不仅仅是让我们体会到欢乐时刻的来之不易，也不止于成为我们生命中难忘的回忆，更深层次上，它是一种历练，是一种成长的捷径。我们在接受人生总是那么痛苦这个现实之后，还是一如既往地生活，跨过一道又一道坎坷之后我们也会发现痛苦或许没有那么难熬，自己在这点点滴滴的痛苦之中渐渐强大，人生的意义在经历一遍遍的痛苦之后才能够真正地彰显。

17123184

由生到死，再到死亡的意义，本次课堂内容给我一个巨大的警醒，一个巨大的心理震撼！生命能不能永续，安乐死的问题都会存在。现在，我肯定不会支持安乐死，但或许经历过某些事，到达某个年龄，我或许会支持安乐死。这一切都会变的，不会有最终的答案。但人类对健康、快乐的追求是永远都不会变的。痛苦也是人所必需的，因为没了痛苦，或许也就没了快乐。没有痛苦，拿什么和快乐做比较呢？科学技术有科学技术发展的意义，但我们也不能被科学牵着鼻子走，对待科学技术要保持清醒的头脑。否则，不是人工智能取代人类，而是人类愿意让人工智能取代自己了。

17123471

痛苦在生理上本就是生命的一部分。正如悲剧给人崇高感，痛苦作为消极情绪也是人类必须拥有的。"生于忧患,死于安乐。"一旦永生使得人类感觉不到苦痛,AI进行大部分的情绪调整,永远"安乐"的副作用便是会迎来灾难。生命的价值不全在于快乐,任何感觉都是生命中的必要部分,包括消极情绪。危机意识不可少,在忧患中得以生存是人类在永生过程中需要保持的。

17123988

对于生命的讨论,正是要我们好好珍惜当下的生命。我们需要对自己的生命进行思考。生命是一场没有手表的考试。我们可能马上就会撒手人寰,但是现在我们仍然可以用自己的生命之火点亮自己的价值。古希腊人有对命运的信仰。阿喀琉斯的母亲一直说"我短命的儿子",但是阿喀琉斯没有放弃,他用自己的行动获得荣耀,让希腊人永远记住了他们的英雄。我们也是如此,抓紧时间做好自己,使我们更加优秀。

18120351

我认为人这一生,必须要有不同的经历、不同的感受。这些都是人生的阅历和财富,让我们认识到不同的社会和不同的自己。每日沉浸在高技术所营造的快乐舒适的环境中,人会变得麻木,逐渐失去对生活的基本感知,我们会陷入"温柔"的陷阱。美好生活、没有痛苦的永生是每一个人的渴望。我们要时刻警惕陷入一种人造的完美生活中。痛苦也是生活的一部分,消除痛苦的生活只是伪造的完美。

18120403

我始终坚持痛苦本身无意义,是人深究痛苦、挖掘痛苦、改变痛苦的过程赋予了痛苦意义。而单纯的痛只是身体与精神的刺激,只是大脑中的电化学反应。日常生活中,人被划出伤口会痛。为什么这种痛苦有意义?因为痛使我们警觉,让我们意识到有些事情出了差错。这种痛提醒我们去仔细检查自己的身体,防止进一步的伤害。当一个人意识到自己能力的不足,他会痛苦。那是因为他的眼界从虚假的表象深入到了真实的现实。认为自己不足的痛苦更可能成为他自身的驱动力,让他改变,让他成长。然而于身患绝症的患者而言,撕心裂肺的疼痛又将是另一种解释。这种痛苦,没有意义。

18120410

若一个人到某一个年龄时一直生活在顺遂中,偶尔遇到挫折,他可能会觉得不适,甚至感叹人生艰难,但是彼时的他并不能体会痛苦的真正含义……因为害怕日子会变成从前一般,所以他会更加努力。也许前途依

旧坎坷，但是他选择了释怀，放过了自己，也成就了自己。从痛苦中我们会学到很多，也会改变很多。尽管如此，不要害怕。有些东西避无可避，我们所能做的是接受它，并以它为契机提升自己。痛苦使我们成长，但如果因为贪恋成长而选择沉溺于痛苦中，不值得。

18120451

  生命有欢乐常伴，更是与痛苦同行，这两者承载着生命的大部分意义。然而"浮生若梦，为欢几何"。快乐的时光往往令人感到极其短暂，回过头时已经淡然无味。回顾过去，一个人能记忆犹新的快乐时光能有几多呢？痛苦则不然，痛苦在诸多感情中对人影响最大，使人留下的记忆也最深刻。当然痛苦也分很多种，其中心灵的创伤所带来的痛苦最为强烈，快乐往往令人想回忆起而不可得，可是心灵所受过的创伤却让人明明不愿想起而又时刻萦绕在心头。我们一定都体会过肉体所受的创伤吧，疼痛无法自己止住，忍受得住却也无碍，忍受不住还可以转移注意力，求助于止痛药物。可是心灵的创伤所带来痛苦，唯一的解药只有自己。伴随痛苦而来的，就是消除痛苦的愿望。人非完人，哪能一点痛苦也不产生？既然痛苦无法消除，那么就只好忍受了，而忍受则是对待痛苦最基本也是最原始的方法了。人为什么能够忍受痛苦呢？这首先是痛苦对我们磨炼的结果，在经受痛苦的过程中，我们的内心也越来越坚强。这也是痛苦的意义之一。人生不如意事十之八九，我们在前进的道路上会不断地遭遇痛苦，难道我们只能忍受吗？如此有智慧的人类只能默默忍受生命带来的痛苦吗？我们未尝没有见识到那些因不断忍受痛苦而变得麻木不仁的可怜人，虽然在现实生活中难得一见，但是在小说、戏剧、电影等艺术中这样的人比比皆是，生命不能是对痛苦的机械应对，生命的意义在于它的创造力。也许我们对痛苦也不应该机械地看待，痛苦也是生命创造力的一部分。人类历史上一个又一个伟大的事件浮现在我的面前，牛顿作出了意义重大的科学贡献，但是我们可以想象在那样一个迷雾重重的时代，这不会一帆风顺；红军长征翻越了险山、渡过了恶水、突破了敌军的重重包围，最后胜利会师，其中的艰难险阻、穷困辛酸虽千言万语无法道尽。痛苦的意义难道仅仅在于磨炼人心吗？痛苦难道没有创造吗？历史上众多伟大事业，哪一个不是经历了无数痛苦才能够完成的？如果我们不是为了心底的那一份鲜绿色的希望，我们忍受痛苦又有多大的意义呢？与之截然不同的是，如果我们心中满怀希望，那么眼前的痛苦对我们的影响也就微乎其微了。那么，再进一步，如果我们清楚了痛苦的意义，我们会不会主动地选择痛苦呢？最后，引陀思妥耶夫斯基的名言做结："我只担心一件事，我怕我配不上自己所受的苦难。"

18120462

最后一堂课的话题很有哲学意味。人类追求永生是为了摆脱死亡的痛苦。但是永生就真比死亡快乐吗？如果真是这样，那怎会有人选择安乐死？如果不是这样，那人类对永生趋之若鹜的意义何在？在我看来，生命是快乐的也是痛苦的。这个问题没有定论。因为不同的人、不同的背景下生命展现的面貌是不一样的。与其讨论这个问题，不如试想人类会以何种方式来逃避痛苦，追求快乐。我觉得以人类的能力，这是有可能达到的。人类在取得永生后会找到某种方式，消除生活中的一切不美好。最后的结果可能就是，在充足的社会资源中，人不需要努力就能轻易获取生存资源了。这个过程必然会借助 AI 的力量。而这才是可怕的开端。与慵懒停滞的人类不同，AI 在不停地升级优化。终有一天人类所掌握的资源不再归人类所有了。没有痛苦的生命最终毁灭了人类自己。

18120468

最后一课，顾老师从安乐死开讲，层层深入，探讨了痛苦与生命的关系，最终讲回"安乐死"。我以为痛苦和快乐是相对的，我们不愿意痛苦，想尽办法避免痛苦，但是当我们没有痛苦的时候，我们还知道快乐为何物吗？如果我们用技术手段避免痛苦并制造快乐，当快乐成为一种常态的时候，我们还能感受到何为快乐吗？我认为，正是因为痛苦的存在，快乐才有意义。面对痛苦，我们要表明态度：不愿痛苦，但也不怕痛苦，必要时直面痛苦。乐，欣然接受；痛，坚持到底。痛苦之于生命有何意义？如果说生命是一个化学反应，那么痛苦就是化学反应的活化能，在承受痛苦之后生命能有所改变。回顾整个学期的课程，我觉得每节课的标题是课程的一个亮点：每次课程都是由一个词语和一个问题组成。单看前面的词语似乎没什么感觉，但是看到问题后我就会陷入深深的思考。十次课堂，十个标题，启示着我们要善于从熟悉的主题中挖掘出新的含义，提出新的问题，引发新的思考，得出新的结果。这种思维贯穿整门课程，让我获益匪浅。

18120484

从安乐死讲起，我印象很深刻的是老师讲起一位曾经很注重形象很有气质的女性，在得阿兹海默症后变得毫无尊严。我们人生中充满了痛苦与磨难,安乐死也从来不是说因为经受不住挫折,而是当生活质量急剧下降,生而为人的尊严都丧失的时候,能够体面地离去。所以我也更喜欢尊严死这一说法。也正如前面所说,安乐死不是自杀,人生如果看作一场找寻意义的修行,那痛苦是风向标。在具有痛苦的世界里快乐才有意义。人虽然在一步步地避免痛苦,但我们也要承认是痛苦给予了我们生命的感觉。我们不是要让人工智能完全帮我们摆脱痛苦,每日活在安乐乡中,而是帮助我们找寻生命的真谛。

18121770

最后一堂课,主题是一个颇含哲学意味的话题:"道法自然,永生能与痛苦相随吗?"顾骏老师开篇便引出人有"趋乐避害"的本性。随后,顾老师一步步引发同学对"痛苦"的正面作用的思考。随后又由痛苦这一话题与死亡相联系,引出安乐死这一话题。大家就此话题展开了激烈讨论。有的同学认为安乐死需要存在,但是实施人需要被法律制裁,但有人认为实施者是在进行一种正义的行为,应该受到法律保护。我们进行了一场随堂测试,考量我们的思维深度和听课质量。同学们大都表示这门课提升了大家的思维深度,每个人都颇有感慨。

18121943

顾老师与我们讨论了安乐死是否应合法化的问题,引出了永生之后是否也能安乐死的问题,根本目的还是想告诉我们人既为快乐所驱使,也为痛苦所驱使,"天将降大任于斯人也,必先苦其心志,劳其筋骨,饿其体肤,空乏其身,行拂乱其所为,所以动心忍性,曾益其所不能"。痛苦对于我们的意义就是磨砺我们成长,让我们心灵上更加坚强,经验更加丰富,现在的痛苦,以后总会换回收获,"生于忧患,死于安乐",没有痛苦,人也将湮灭于安乐。课程之后,几位同学上台分享的其实也正是我想表达的。这门通选课教会我们根据条件思考、分析问题,产生自己的想法,形成自己的逻辑,从而提升素质。"关注人类命运,融通生命智慧","生命智能"教我们读书、思考、表达与成长。

18121980

痛苦,这一永存于人类历史中的话题,今天我们非但没有避而不谈,反而是大谈特谈。它存在于每一个人的生命中,也存留在整个人类历史中。人生因痛苦而更有滋味,而永生的过程里,我认为痛苦是必不可少的。单就存在即合理这一方面,痛苦就应该存在;而痛苦在某种意义上也是我们认识这个世界的手段。痛苦大抵会一直伴随我们吧。

十、道法自然，永生能与痛苦相随吗？

18122128

　　这次的主题是关于永生和痛苦的：永生要消灭痛苦吗？痛苦地活着比死亡好吗？首先，我认为永生必须和痛苦相随。快乐激励着我们向前，而痛苦则是对我们的鞭策，对于人类的发展来说，二者缺一不可。痛苦也是一种保护机制，就像恐惧一样，被针刺痛才会有所警惕，为战争的惨烈而痛苦才会反对战争。我们虽然不喜欢痛苦，但能够痛苦却是我们必须的。老师又提出了安乐死是否应该合法化这一问题。痛苦而毫无尊严地活着，真的不如体面地死去吗？我认为，安乐死需要本人在正常状态时候的同意才可以执行……安乐死是一个艰难的选择，应该要求当事人郑重考虑并承诺后才可执行。我始终认为权利是很重要的一部分，人的自由意志在这里体现。

18122171

　　本学期的最后一课，主题有点沉重。与之直接相关的是近年来引起广泛思考及讨论的"安乐死"。安乐死是否合理？如何实施安乐死？如何判断是否应该安乐死？这一个个问题都难以回答，或者说各种答案都有道理。痛苦和永生能相随吗？在第一节课讨论永生的时候就提到，永生是否应该有附加条件呢？比如说抹去痛苦。可是痛苦作为正常人应该具备的东西，如果失去，还能作为一个正常人"永生"吗？一学期"生命智能"课程，顾老师及所有为我们讲课的教授或医生带我们在人工智能＋永生这个领域探索了很多问题。除了课程本身，老师教会了我如何辩证地思考，如何提出问题，人文和科技如何巧妙地结合。

18122445

　　安乐死是个很严肃的话题，因为藏在它背后的是剥夺人的生命，谁有权去剥夺别人的生命呢？这个问题时常是没有答案的。可人们需要这种手段，有些无谓的痛苦实在没有承受的必要。而人生在世，还有许多有所谓的痛苦，假如人没有痛感，他又怎么知道快乐是什么呢？一路平坦，那终点有什么意义？没有痛苦，人不就成了纸片人，生命失去了厚度，一戳即破，寡淡无味。没有痛苦，思想也单薄，一个一直看喜剧的人你期待他的思想能达到怎样的深度呢？要把纱布揭开，看见血淋淋的伤口，才能看见世界的真相，要有痛苦，才能更珍惜幸福。

18123188

　　这节课我们从安乐死切入，最后讲到了痛苦与生命之间的关系，引发我们深思。快乐是短暂的，痛苦却是永恒的。事实确实如此，一些快乐的时光转瞬即逝，但是痛苦的时光却往往会在你脑海中长久地留存。但是我认为这些痛苦并非没有意义，痛苦能让你厚积而薄发，能够磨炼你的意志，能够真正让你学到一些东西。我们不能一直长期地趋乐避害，沉浸于成人世界中的"奶头乐"中，这是十分危险的。这门课结束了，但是它深深影响了我，让我明白了生命的价值与意义是多么的重要与珍贵。尽管有时话题十分沉重，但是每次沉重都是我们在努力思考问题。这样的沉重是必须的，一味快乐的课堂给你带来的收获是微乎其微的。而我们也有快乐的时候，顾骏老师的幽默让我们十分难忘。感谢各位老师，你们深深地感染了我。我从来不后悔来到"生命智能"课堂，因为我真的学到了许多。

18123877

……虽然与我想象的还是有一些出入，但是这门课教会了我很多在其他课程上学不到的东西。对生命的思考其实没有那么简单，生命是无法用其他价值去衡量的。

18124446

痛苦对于人的生命是有重大意义的。只要有欲求，人就会因不满足而感到痛苦。最大的痛苦会导致对生活失去希望。但或许生活本身就蕴含着最大的痛苦——罗曼·罗兰说世界上只有一种英雄主义，那就是在认清生活的真相后依然热爱生活。欲求统一的精神与令这欲求统一的意念失望的世界之间的矛盾使得生活变得充满悲剧性。痛苦不仅仅帮助我们成长，在某种程度上，痛苦是生命的本质。桑斯坦在《网络共和国》中指出，网络时代可能会导致人们被困在信息茧房中，社会意见会趋于分裂。当我们安逸于他人为我们编织的舒适区，而失去自主思考的能力却不自知时，我们的思想会被他人掌控、失去自由意志的能力。我们需要走出这样的舒适区。"今日头条""字节跳动"等有时使我们迷失。尽管娱乐需求是人们所必需的，但是这种以吸收用户时间、毁灭人的自由意志来达到盈利目的的方式应当被人们唾弃。我们不应当形成一种以这种病态的刺激为导向的价值观。这种价值观导致的最终结果就是国内外许多科幻小说中描述的，人们最终沉浸在多巴胺的刺激中，再也没有探索、前进的欲求。我们不愿有痛苦，但我们不害怕痛苦，勇于面对痛苦。

18170019

感谢这类课程为我们提供了新颖的教学方式，的的确确让我对本科生活有了新的看法。这是其他课程所遇不到的。

附录

课程成果与推广

附录一 课程安排[1]

2018—2019学年春季学期（第一季）

第一课 生命永续，AI能让人梦想成真吗？

时间：2019年3月25日晚6点
教师：顾　骏（上海大学社会学院教授）
　　　肖俊杰（上海大学生命科学学院教授，国家优青）

---

[1] 2019年3月25日，"生命智能"首轮开课，共十周。上课地点：上海大学宝山校区J201。

 课程直击

第二课　治未病，人工智能如何倾听身体声音？

时间：2019年4月1日晚6点
教师：朱小立（上海大学生命科学学院教授）
　　　顾　骏（上海大学社会学院教授）

第三课 对症试药,机器人也需"尝百草"?

时间:2019年4月8日晚6点
教师:许　斌（上海大学理学院教授）
　　　顾　骏（上海大学社会学院教授）

第四课　遥控手术，人可以让机器来修理吗？

时间：2019年4月15日晚6点
教师：于　研　（同济大学附属同济医院骨科主治医师）
　　　顾　骏　（上海大学社会学院教授）

第五课　器官置换，人也可以型号升级？

时间：2019年4月22日晚6点
教师：贝毅桦　（上海大学生命科学学院副教授）
　　　顾　骏　（上海大学社会学院教授）

课程直击

第六课　衰而不老，AI如何提高生命质量？

时间：2019年4月29日晚6点
教师：黄　海　（上海大学生命科学学院教师）
　　　顾　骏　（上海大学社会学院教授）

第七课　效率优势，人工智能能否促进医疗公平？

时间：2019年5月7日晚6点
教师：沈成兴　（上海交通大学教授，上海市第六人民医院心内科主任）
　　　顾　骏　（上海大学社会学院教授）

课程直击

第八课 生命特权,人工智能会分裂人类吗?

时间: 2019年5月13日晚6点
教师: 顾 骏 (上海大学社会学院教授)

第九课　追求完美,科学干预有上下限吗?

时间: 2019年5月20日晚6点
教师: 袁晓君　(上海大学生命科学学院副教授)
　　　顾　骏　(上海大学社会学院教授)

课程直击

第十课　道法自然，永生能与痛苦相随吗？

时间：2019年5月27日晚6点
教师：顾　骏　（上海大学社会学院教授）

附录二
金句集萃——学生推荐[①]

- 关注人类命运，融通生命智慧。
- 请多点烟火气，世事洞明皆学问，人情练达即文章。
- 只有当我们把它创造出来才知道这是大自然允许存在的。
- 生命的价值是相等的，社会价值不能衡量生命价值。
- 若我们身体上所有器官都被外置，我们以什么来衡量自己还活着。
- 生命问题不只是一个技术问题，人的问题只能用人的方法来解决。
- 生命不可量化。
- 生命是一种两难，选择是自由的别称，但选择就是责任。
- 科学讲究方法论，否则"垃圾进来，垃圾出去"。
- 快乐和痛苦都是驱使人行动的因素。
- 意义就是给普通的东西赋予特殊的含义。
- 人第一要有目标，第二要有手段，第三要有底线。
- 人类需要自然，自然不需要人类。
- 人类的每一个行为都是计算机上的一行代码，都可以通过计算机进行编程。
- 生命是无价的，任何事物都不能同生命作比较，每个人的生命都是平等的，不能因为对社会贡献的大小和智商的高低而对生命作出高低贵贱之分。
- 人的生命不能作为功利主义的工具。
- 人类有趋乐避害的才能，人类一切发明本质上都是为了消除人的痛苦。

[①] 学生笔下"记忆中的教师课堂金句"，选自2018—2019学年春季学期"生命智能"课程班学生期末小结。

- 专注于自己热衷并且能做的。
- 让宏大意义获得日常生趣，让日常生趣获得宏大意义。
- 生与死，快乐与痛苦，是人类存在的永恒主题。
- 一切治疗要以确保患者的利益为前提。
- 我们是在选择大自然，还是在选择我们自己的科学与进步？
- 如果我们无限制依赖机器人，人类最终也许会失去上进心，到那时才是真正地被机器支配。
- 如果唐僧肉吃了可以长生不老，那为什么唐僧不咬自己一口？
- 人是目的，不是手段。
- 当人类实现了永生，那么人也停止了进化。
- 痛苦也是人生命中的一部分。
- 中国文化与其他文化最大的差异在于对死亡的看法。
- 技术问题的解决必须有制度层面的保障。
- 让生命永续不是一个简单的生物学或医学问题，而是一个事关人类命运，需要人类共同作出安排的大问题。
- 作为抽象理念的生命价值，高于其他社会价值。
- 人类既为快乐所驱使，也为痛苦所驱使。
- 慈善必须追求公平，但也不存在绝对的公平，只能追求形式的公平，也就是规则的公平。
- 宏大意义与生活本身不应该对立起来，而应该让日常生活与宏大意义打通。
- 人类与人工智能相比最大的优势，是人类有自己的情绪。
- 生命需要资源，人类不可能一下子全部实现全人类的永生，从谁开始？
- 病是一样的，所以药也是一样的，有没有效果，可以通过统计来验证。
- 要管理好个人生命的账户，必须学会倾听身体的声音。
- 资源使用不存在绝对合理的方案，有得有失是常态，必须作出取舍。

- "知其不可为而为之",是自由意志的体现。
- 医疗是不确定、不平等的,让医生放心地治疗病人是双方最大利益所在。
- 圣人不治已病而治未病,不治已乱而治未乱。
- 永续的生命拒绝行尸走肉。
- 一切事情都要按照规章制度办,不能从情感来考虑问题。
- 如何活在当下有意义?专注于自己热衷且能做到的事,选择与高素质的人来往,不断进取使自己的生活完整。
- 生命不可以被量化,为了避免更严重的痛苦,我们可以承受不那么难以忍受的痛苦,甚至可以认为这是快乐。
- 公平正义比太阳还要有光辉。
- 永生不是生命的延续,而是与世界关系永存。
- "良工门前多钝铁",不能单凭治疗准度和成功率评估医生的专业能力。
- 如果有一天,人类被人工智能取代,那一定是自愿的;如果有一天,人类将会被埋葬,那一定是安乐死。
- 生物是一种算法,能够自我学习自我进化。
- 医疗发展到现在,贡献最大的不是医生,不是科学家,而是一个个鲜活的生命,一个个病例。
- 生命不能单单用算法来解释,生命比算法更奇妙。
- 西医治病,中医治人。
- 不要低估与否定古人的智慧和贡献。
- 药物的定义是以一个你不太懂的方式去回答一个你不太懂的问题。
- 得不到升华的生与活,都不是生活。
- 机器还没有自我意识,与其问"会不会",不如问"能不能"。
- 有时候问题并没有完美的答案,而这正是讨论的意义。
- 医生没有能力去判定一个人的好坏而选择是否医治他。
- 岁月悠悠,衰老只及皮肤;抛却热忱,颓废必触灵魂。
- 血脉不断传承,思想永垂不朽。

- 对于医生来说，他们有着将所治疾病全部医好的愿望，又有着挑战高难度病症的想法。
- 美是多样的，而不是单一的。
- 在讨论生命的话题下，人不能太功利。
- 人工智能把我们包在了一个信息茧里，你喜欢什么它就给你看什么，你以为世界是红的它就给你看世界是红的，让你看不清世界是五颜六色的。

附录三
核心团队

课程策划与主持：顾　骏
课堂组织与协调：顾晓英
课　程　负　责　人：肖俊杰
课程事务管理：王　伟

附录四
教师风采①

顾 骏：上海大学社会学院教授，独立策划人和自由撰稿人。策划和主持"大国方略"系列课程，著有《经国济民——中国之谜中国解》《人与机器：思想人工智能》。主编《大国方略——走向世界之路》《创新路上大工匠》。喜好智慧研究，重点探究不同文化对人类基本问题的思考方法和解决路径，聚焦传统智慧的当代运用，著有《人·仁·众：人与人的智慧》《犹太智慧：创造神迹的人间哲理》《传统中国商人智谋结构》《犹太商人的智慧》，发表《天问：二元智能的一元未来》《"龙性"的补足：明道理与求知识》等论文。长期跟踪当代中国社会转型与公共治理，重点研究社会科学技术及其在社会治理中的运用，担任国家民政部等党政部门决策咨询专家和各类媒体的特约评论员，曾出版《社区调解与社会稳定》《流动与秩序》《活力与秩序》《和谐社会与公共治理——顾骏时评政论集》等著作。获上海市哲学社会科学优秀成果著作类一等奖、2015年上海市教书育人楷模（提名奖）等。团队获评2017年上海市教学成果奖特等奖，2018年国家级教学成果奖二等奖。

---

① "生命智能"课程采取"项链模式"教学。这里列出首轮教师名录（按到课时间先后）。
照片全部选自"生命智能"课堂。

附录四　教师风采

顾晓英： 法学博士，教授。上海高校思想政治理论课名师工作室——"顾晓英工作室"主持人。负责首轮"生命智能"课程的教学组织及课程运行。率先启用并坚持思政课"项链模式"教学。2014年起迄今，联袂策划并运行"大国方略"系列课程，联袂领衔首批国家级精品在线开放课程——"创新中国"，主持上海市精品课程1门，主持教育部人文社科研究专项课题2项，皆被评为"结项优秀成果"。出版专著1部，主编《叩开心灵之门——高校思想政治理论课"项链模式"教与学实录》《大国方略课程直击》《创新中国课程直击》《经国济民课程直击》《人工智能课程直击》《与子同行——倾听学生的声音》等。获2017年上海市教学成果奖特等奖，2014、2018年国家级教学成果奖二等奖。

肖俊杰：教授，博士生导师，国家优青，上海市曙光学者，宝钢优秀教师奖获得者，上海大学生命科学学院副院长，上海大学医学院（筹）副院长，上海大学心血管研究所负责人。代表性论文发表于*Nat Commun*、*Cell Metab*等杂志。担任*J Cardiovasc Transl Res*杂志副主编，*BMC Med*等6个SCI杂志编委。担任中国生物物理学会运动科学分会副会长、中国生理学会循环生理专业委员会委员、上海市生理学会副理事长等。主持国家重点研发计划1项、国家自然基金项目5项、上海市教委重大创新项目1项、上海市科委国际合作项目1项。主要研究领域：心力衰竭的综合干预和风险预警策略。团队获评2018年国家级教学成果奖二等奖。

朱小立：上海大学生命科学学院教授，博士，博士生导师，生物工程专业负责人，上海大学分子识别与生物传感研究中心常务主任，上海市细胞生物学学会理事。毕业于南京大学，并先后在华盛顿大学、昆士兰大学做访问学者。曾荣获上海市"晨光学者"、澳大利亚"奋进学者"等荣誉称号，获得上海大学教学成果奖一等奖。主要从事癌症诊疗一体化新技术的研究，在相关领域发表学术论文40余篇。

许 斌：上海大学理学院研究员，博士，博士生导师。2000年获中国科学院上海有机化学研究所博士学位，2000—2002年于美国国立卫生研究院(NIH)从事嘌呤受体P2Y相关研究(VFA)，2002—2005年于美国VivoQuest公司从事抗病毒药物研制。主要研究领域为药物设计与合成、惰性化学键转化等。已在国际知名期刊上发表SCI论文100余篇，近5年一区以上论文34篇，国内外发明专利授权30余项。主持国家自然科学基金面上项目(5项)、教育部、上海市科委、上海市教委重点及科研创新"非共识"项目等20多项。曾获宝钢优秀教师奖、上海市育才奖、上海市浦江人才、ACP Lectureship Award等荣誉。团队获评2018年国家级教学成果奖二等奖。

于 研：讲师，硕士生导师，同济大学附属同济医院骨科主治医师，上海市卫生计生系统"优秀青年医学人才"、上海市"青年拔尖人才计划"、上海市青年科技"启明星计划"、上海市青年科技英才"扬帆计划"获得者。2008年与2014年分别获同济大学外科学硕士与博士学位。2015—2017年在美国哈佛大学医学院附属麻省总医院骨科/生物医学工程实验室完成博士后工作。主要研究领域为脊柱运动功能重建的分子生物学及运动生物力学研究。主持国家自然科学基金面上项目1项和青年项目1项，任中华医学会骨科基础学组和微创学组青年委员，上海市中西医结合学会脊柱专业委员会脊柱创伤学组委员，上海市医学会数字医学分会委员。担任ATM、NCRI等杂志编委。科研成果发表于 *Nature Communications*、*JBME*、*JOT* 等，并被多次引用。发表学术文章60余篇。获国家发明专利6项、美国发明专利2项。曾获上海市科技进步奖一等奖、上海市医学科技奖一等奖、上海市职工优秀发明选拔赛金奖。

贝毅桦：副教授，硕士生导师，上海市青年科技启明星。毕业于法国巴黎笛卡尔大学，2010年和2013年先后取得药理学硕士和生理学博士学位。2013年回国后工作于上海大学心血管研究所，主要研究领域为运动诱导生理性心肌肥厚、心肌保护和修复的分子机制。代表作发表于 *BMC Medicine*、*Theranostics*、*Seminars in Cell & Developmental Biology*、*Molecular Therapy-Nucleic Acids*、*Journal of Molecular and Cellular Cardiology* 等国际期刊。作为项目负责人主持国家自然科学基金面上项目2项、青年项目1项，作为子课题参与单位负责人参与国家重点研发计划1项。获得2018年上海大学蔡冠深优秀青年教师奖、2018年和2019年江浙沪两省一市生理学研讨会青年学术报告一等奖、2019年中国生理学会张锡钧基金全国青年优秀生理学学术论文最佳答辩奖等奖项。

黄　海：上海大学生命学院讲师，硕士生导师，博士。1993年毕业于南昌大学获学士学位，1996年毕业于中国科学院昆明动物研究所获硕士学位，2003年毕业于香港中文大学获博士学位。1996年起任教于上海大学生命科学学院。主要研究领域为生化药物、脂质代谢和神经退行性疾病。曾承担多项上海市教委创新项目，参与多项国家自然科学基金面上项目和上海市科委重点项目等。曾获上海大学第九届青年教师课堂教学竞赛二等奖。

沈成兴：上海交通大学教授，上海市第六人民医院心脏中心主任、心内科主任，主任医师，博士生导师。中华医学会心血管分会委员，中国医师协会心血管分会委员，上海医学会心血管分会介入组副组长，欧洲心脏病学会（ESC）委员，卫生部冠状动脉介入治疗培训基地介入培训导师。3次赴国外进修学习，承担过6项国家自然科学基金课题及3项省部级课题的研究，在国内外核心期刊发表中英文论文30余篇，对心血管急危重症救治具有丰富的经验。目前主要的研究方向是冠心病的机理及防治/心力衰竭的分子机理研究。

袁晓君：上海大学生命科学学院副教授，硕士生导师。2008年获上海交通大学博士学位，主要开展草坪草抗逆研究，曾承担和参与多项国家级、省部级项目。长期从事本科教学，积极开展各类教学教育改革，先后承担两项市级重点课程建设项目。获评2018年上海市教学能手、2017—2018年度上海市教育系统三八红旗手。曾获2017年上海大学校级教学成果奖一等奖、2018年第三届上海高校青年教师课堂教学竞赛一等奖、2019年上海大学年度教书育人贡献奖。

附录五
媒体报道

1. 关注人类命运 融通生命智慧——"育才大工科"系列课程之五"生命智能"亮相上海大学,中国社会科学网,2019年3月29日,http://m.cssn.cn/dzyx/dzyx_yczq/201903/t20190329_4856784.htm

课程直击

继2018年成功开发育才大工科之"人工智能"、"智能文明"、"人文智能"、"智能法理"课程之后,今年3月25日晚,上海大学育才大工科之"人工智能"系列课程第五门——"生命智能"通选课在J楼201正式开讲。课程隶属生命科学学院,由生命科学学院副院长、国家优青肖俊杰教授担任领衔人。课程出品人依旧是上海市课程思政教学科研示范团队——社会学院顾骏教授和上海市思政课名师工作室——"顾晓英工作室"主持人顾晓英研究员。这也是五年来"双顾组合"联袂推出的第11门通识大课。其中,"大国方略"系列课程已荣获国家级教学成果奖二等奖。

"生命智能"课程不仅讲述人工智能如何助推生命永续,更立足启迪学生认识生命之本身。教学团队中既有国家优青、又有沪上著名三甲医院的主任医生,还有人工智能世家背景的青年才俊医生,也有上海大学生命学院、理学院和文学院的优秀教师加盟。

当晚的新课首秀,吸引了浙江工贸职业技术学院、南昌工学院、广西教育厅的四所高校领导和骨干教师共20余名慕名前来。他们参与了一下午的课程思政经验交流,又来到新课现场进行教学观摩!上海大学生命学院党委书记沈忠明老师携班子成员及多名青年教师一同前来支持……

开课伊始,上海大学教务处副处长顾晓英老师介绍了"育才大工科"之"人工智能"系列课程旨在呼应国家战略,对接"新工科"教育要求,探索课程优化再造和内容升级,注重文理打通,改变学生习惯性思维。她把生命形容为浩瀚蓝色海洋中的一片绿叶,期待"生命智能"课程能让同学们在迎接AI到来之际,更深层面认识生命价值,明确生命意义,对自然保持一份谦卑,对生命保持一份尊重,对科技保持一份警惕,对理性保持一份矜持。

"生命智能"第一课"生命永续,AI能让人梦想成真吗?"由上海大学社会学院顾骏教授和生命科学学院肖俊杰教授联袂主讲。顾骏教授从未来学家雷·库兹韦尔预言人类将在2045年实现永生这个话题展开讨论,提出9个问题引发学生思考。顾老师妙语连珠、博学幽默,用思想和充满思辨的话语把全场师生牢牢吸引,同学们热烈反响争先举手回答问题。"三不朽","横渠四句",教学团队的博大胸襟一如大国方略系列课程,致敬中华文化!他们的讲授丝丝入扣,回味无穷,让与课的师生们尽情打开脑洞,放飞思维。最后,顾老师总结到"关注人类命运,融通生命智慧与人工智能",就是"生命智能"。顾骏教授强调,这不是一门狭义的科技类专业课,而是打通文理,让同学们用通观的视野看待世界、领悟人生的通识课。

如果说顾骏教授的讲述是从文科教授的视角解读生命永续和生命智

能，接下来肖俊杰教授的授课便是从专业理性的角度让大家陷入思考。肖教授从一系列专业数据入手，指出生物衰老的过程无法逆转，突破衰老和死亡的限制是人类终极目标，而科学正是人类追梦的有效手段，从公元前的科技到现今科技新进展，肖教授娓娓道来，让大家深切感受到科学给人们带来的希望和憧憬——"现代科技可以直接或间接延长人类寿命"。而人工智能让这个梦想触手可及，肖教授从人工智能的发展史，讲到现行人工智能的应用，讲到人工智能的未来发展和青年人的责任，让大家脑洞大开。

两位教授的精彩讲授深入人心。问答环节，同学们纷纷和老师展开热烈互动。课后线上，甚至到了凌晨，还有不少学生陆续发来跳跃着思想火花的课后反馈……

环化学院大二学生陈翰阳：今天是"生命智能"的第一节课，也是系列课程的第五门，我有幸在冬季学期听了"人文智能"的课程，相较于"人文智能"的哲学思辨和中国文化，"生命智能"更加偏向于生物知识和哲学思辨的结合。

土木工程大四学生何益平：这节课让我们从喧嚣的城市生活中再次回到探究生命的本质上来，生命的存在意义在于什么，为什么人们要追求永生，生命的意义是什么……我们要把握现在，努力奋斗，去探询生命的意义所在。

钱伟长学院大一学生李煜非：永生不仅仅是一个生物学问题，人们在追求永生的过程中创造了许多精神瑰宝，精神文明的传承才是真正的生命永续。今天，顾老师问同学们如果能够永生，大家会提出哪些附加条件，大家提到了健康、富裕、情绪、自由、创造等等，这让我对生命有了更清晰的认知，永生是每个人都想要的，但是单纯的永生没有人愿意得到的。永生带来的一系列问题，本身就比永生本身更加困难，更不用说像人人富裕和创造力枯竭这种即使永生没有实现也难以解决的问题。人类在追求永生的过程中其实早就意识到了生命的意义不在于长度。　　（王伟　殷晓）

 课程直击

2. 上海大学举办课程思政建设经验交流会,中国社会科学网,2019年3月29日,http://sky.cssn.cn/dzyx/dzyx_mtgz/201903/t20190329_4857121.shtml?COLLCC=3923779123&

2019年3月25日，上海大学举办课程思政建设经验交流会。会议由教务处主办，上海高校思想政治理论课名师工作室——顾晓英工作室和上海市课程思政教学科研示范团队——顾骏团队承办。来自广西壮族自治区教育厅的四所高校领导一行6人、浙江工贸职业技术学院党委书记一行9人和南昌工学院副校长一行6人慕名前来参会。上海大学党委常委、副校长聂清到会并致辞。上海大学法学院副院长、知识产权学院院长许春明，生命科学学院副院长肖俊杰，马克思主义学院马原支部书记艾慧以及部分课程思政试点教学骨干教师参加会议。会议由顾晓英主持。

教务处副处长顾晓英欢迎各兄弟院校的嘉宾能齐聚上海大学，一起研讨课程思政建设工作。她结合上海大学的基本情况，简要介绍了学校人才培养目标、战略目标、建设思路和战略地图，介绍课程思政在上海大学如何找到切入点，做到"点上开花"，即做大做强"大国方略"，成功转型开发"人工智能"系列课程。在点上开花即获得国家级教学成果奖基础上，学校又坚持推广，获得"面上结果"，迄今一批示范课程已得到学生认可，取得较好社会反响。上海大学课程思政整体校试点工作还将在2019年度取得新的建设成效，一批专业课程正在凝练思政理念，申报立项建设。这充分体现了学校领导的关切和各部门的协同，凝聚了广大师生的智慧、努力和坚持，体现了教师们的"积极性、主动性、创造性"。

社会学院教授、上海市课程思政教学科研示范团队——"顾骏团队"主持人、上海大学课程思政"中央厨房掌勺"顾骏着重介绍课程思政的开发机制——中央厨房。2014年11月18日，"大国方略"课程正式开讲。这也是"课程思政"的发祥日。五年来，上海大学能够持续开发和开设课程思政系列通识类课程，这离不开"中央厨房"服务平台。学校通过课程思政教师工作坊、教师教学沙龙等，让名师引领，指导教师开启"价值引领、文化自信、国家发展与个人发展"的思考，全程、全方位协助和服务教师，最终让老师和同学都有获得感，激发老师开新课、上好课的积极性。

党委常委、副校长聂清到会并致辞，她热忱欢迎六所高校的领导和老师们来我校交流，她指出上海大学的定位是"研究型大学"，非常重视学生的通识培养。两位顾老师搭建的"中央厨房"课程思政服务平台已走出了一条创新之路。系列课程授课教师源自本校各院系，横跨高峰高原等多个学科。他们让这些课程变成美妙的协奏曲而不是独奏曲。我们还将就不同类型课程如何挖掘和把握思政元素作进一步的探索，层层推进课程思政、专业思政和学科思政。这就需要更多优秀教师发挥引领作用，让课程从一颗星变成了满天繁星。

　　浙江工贸职业技术学院党委书记盖庆武表示参加此次交流会,对于课程思政的开展有了新的启发。南昌工学院党委副书记、常务副校长宋增建表示,上大经验让我们对本校推进课程思政有了新的指导,大开眼界、大增信心。广西壮族自治区教育厅代表介绍广西准备启动课程思政的示范课建设。此次,北部湾大学、广西科技大学、广西科技师范学院、南宁师范大学四所高校代表一起来上大,近距离学习上大经验,上大提供了一个真实的、有价值的,尊重教育教学规律的课程思政教育教学改革整体示范。

　　经验交流会上,校内外领导和老师们提出疑问、谈论心得、分享经验,形成和谐、真诚、共享的会议氛围。会后,领导和老师们前往"生命智能"新课现场,观摩公开教学,实地感受上海大学课程思政示范课堂的教学魅力。　　(曹园园　殷晓)

3. 思政元素无痕巧融入 "生命智慧"金课结硕果——上海大学"生命智能"通选课第一季圆满结课,中国社会科学网,2019年6月13日,http://www.cssn.cn/dzyx/dzyx_mtgz/201906/t20190613_4917339.shtml?COLLCC=1071759475&

5月27日晚,上海大学宝山校区J201,一堂特别的课程流淌着智慧,无痕植入思政元素,浸润了浓郁师生情。那天,恰逢上海解放70周年、上海大学校庆25周年纪念。上海大学育才大工科之"人工智能"系列课程第五门——"生命智能"通选课正在演绎最后一课。

"双顾教授"上海市课程思政教学科研示范团队顾骏团队负责人、社会学院顾骏教授,"顾晓英工作室"主持人顾晓英,生命科学学院肖俊杰教授携授课团队一起走进课堂。

伴随着六点的铃声,课堂主持顾晓英老师点开屏幕,陪伴了学生十周的课程理念"关注人类命运,融通生命智慧"一行大字再次映入眼帘。

当晚,"生命智能"课程的主题是"道法自然,永生与痛苦能相随吗?"

顾骏教授依旧从问题设问开启课程。他抛出了"生命永续"和生命的"痛苦"两个命题,引发学生思考。顾老师从四个方面对主题进行了阐释,从安乐死的话题讨论提出"免除痛苦是生命存在的前提吗?";从痛苦与生命的关系理解痛苦在生理上是生命的一部分；从痛苦对生命的意义看待痛苦对于人成长的价值，丝丝入扣，令人回味。最后，顾骏老师留给大家一个开放性的问题：关注人类命运，融通生命智慧，在生命问题上，智慧到底是什么？

顾骏老师的精彩讲授让这个专题充满思政味。"生命智能"最后一课在头脑风暴中结束。

同学们开始投入到紧张的一小时考试中。

收卷后，"人工智能"系列课程之"生命智能"第一季结课仪式开启。

顾晓英老师用一学期的课件标题及课堂合影，与全场师生共同回顾一起度过的十周课程，温故而知新，点燃了大家美好的记忆。她代表全班学生给顾骏、肖俊杰、许斌、朱小立、贝毅桦、黄海、袁晓君等授课老师颁发了"大国方略"系列课程教学团队特聘教授纪念照片，留下在课堂上的美好瞬间。学生代表则给老师们献上了鲜花。全场掌声也送给了一直服务着课程团队的生命学院王伟老师、朱晓青老师。

最后的半小时留给学生。在"回看生命智能，前瞻生命智能"环节，几位同学抢着去讲台前发表感想：

学生：首先非常感谢课程的所有老师。"生命智能"这门课，不是教我们学习具体的科学知识，而是一种思维方法。如给你一个命题，在命题的范围内如何思考？有些规则可以利用，有些红线不能触碰的，有些观点可取，有些观点不可取。上这门课，我对生命的认识提高一个新的层面……感谢老师,这是一门特别的课程,我也很庆幸选择了这门课程。

学生:我之前认为,在大学当中最重要学的是知识、技能,但是我错了,本科生的我主要是要学习思维。这门课教我们的也就是思维。这门课告诉我一件特别重要的事情,生命不允许亵渎,生命有着本身最高的价值,我们到现在都没有能够理解。这门课给我最重要的是平时无法学到的思维和方法。如你如何看待生命?如何看待未来?如何看待你以后的应该如何思考人生的方法?这里更多是对世界观、价值观、人生观的一种冲击,及其带来的改变。

学生:我觉得"生命智能"是一门具有深度的课程,让我们关注到人本身的生命具有什么意义,让我们思考自己的生命。最后一课,老师讲到了痛苦。我们如何面对痛苦?如何有一个正确的态度看待生命当中的得失,是生命教育中非常重要的问题。结合AI,我们发现,技术的发展为我们带来便利的同时,也为我们带来很多潜在的威胁,需要我们去关注。

……

顾骏老师对每一位学生的发言进行了点评。他启发学生,要借助生命的话题看待我们思维中新的世界,从而对人工智能有所思考。顾晓英老师则给同学送出最美好的祝福,恰逢校庆日,祝大家在上海大学遇到更美好的自己,遇到更美好的未来。

说完"再见",同学们不舍得离开。课程班里音乐学院学生带头用专业美声唱起了《我和我的祖国》。这首歌既礼赞新中国成立70周年和上海解放70周年,也礼赞新上大生日,也送给"生命智能"课程组的老师们。

当晚,学生发来反馈。

17122116 魏嘉璠 生命科学学院

今天是最后一节课,虽然是最后一堂课,老师却没有一点懈怠。今天,顾骏教授跟我们探讨的是痛苦的意义。生活中我们总是努力去避免痛苦,所谓趋利避害。可是痛苦能够完全消除吗?应该完全消除吗?我想大多数人其实都会不假思索地回答"是的"。可是仔细想想,如果没有痛苦,我们的生命里是不是有很多精彩瞬间变得灰暗?感觉记忆里有很多闪光点突然都变得不重要?痛苦是人生命里独特的存在,它深刻而不可替代,日久天长,痛苦的感觉渐渐会消失,但那瞬间的记忆永远都那么深刻,甚至历久弥新。最后一节课,真的很有仪式感。顾晓英老师带着我们为每一位老师鼓掌欢呼,为每一位老师送上纪念照片作为礼物。我们虽然以后不再见面,却像认识很久了一样熟悉。听着顾骏老师开玩笑,我还感觉有些不真实。突然故事就讲完了,大家散了?!感谢每一位老师对"生命智能"的辛勤付出,没有您们就没有这一门精彩绝伦的脑洞大开的课程!

17121463 邓胜 计算机学院

第十堂课,"生命智能"的最后一堂课。我感慨时间之快,已经相伴了一个学期,十个星期一的晚上,J楼的碰面,思维的碰撞。今天的主题是,"道法自然,永生与痛苦能相随吗"。顾骏老师从一开始的问题引入——生命是不是可以因为太过痛苦就放弃,或说安乐死可以合法化吗?感谢所有老师一个学期的陪伴与辛勤付出,让我们的课堂活色生香,韵味无穷。这既是知识的盛宴,也是生命的洗礼。 (颜川 殷晓)

4.19秋重磅新课|上海大学"双顾团队"时时出新,"人工智能"系列再添金课,搜狐网,2019年6月10日,http://www.sohu.com/a/319661467_120051170

新课抢先看——"生命智能"
"生,容易;活,容易;生活,不容易"
————贾平凹
人类能否在2045年实现永生?
人工智能如何助推生命永续?
智能时代,生命永续意义何在?

课程简介:
生物衰老是自然过程,至今无法逆转。自古以来,走出衰老和死亡的局限是人类终极目标,医疗技术加人工智能提供了人类追梦的有效手段,希望和憧憬落在2045年——"智能科技将直接或间接延长人类寿命"。
在AI时代行将到来之际,不要忘记"祸福相依"的古老箴言,用通观的视野看待世界、感悟人生,更深刻地体认生命价值,才能真正把握老而不衰之后人类的未来。学习"生命智能",关注人类命运,融通生命智慧与人工智能,永生的人类需要比机器更聪明——永远!

附录六
在线课程

2019年9月,"生命智能"已由超星集团上线尔雅在线开放平台。敬请关注,欢迎选课。

课程出品人:顾　骏　顾晓英

网址:https://moocl.chaoxing.com/course/204599025.html

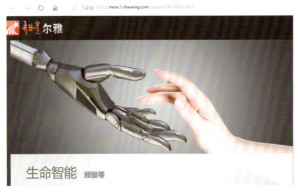

附录六　在线课程

课程介绍

本课程是上海大学"育才大工科"人工智能系列通识课第五门，课程从生命角度切入人工智能，讲述人工智能如何助推生命永续，启迪学生认识生命本身；授课师资延续传统，由顾骏、顾晓英担任课程主持，国家优青肖俊杰教授领衔，邀请具有医学与人工智能交叉学术背景的教师授课；课程不断推动同学思考生命应何去何从？对科技保持一份警惕，对理性保持一份矜持，让你感受科技、自然和生命相互微妙的相互促进关系。

教师团队

顾骏 教授
单位：上海大学

顾晓英 教授
单位：上海大学

肖俊杰 教授
单位：上海大学
部门：上海大学生命科学学院教授
职位：上海大学心血管研究所所长

朱小立 教师
单位：上海大学
部门：上海大学生命科学学院
职位：生物工程专业，专业主任

许斌 教师
单位：上海大学
职位：中国中药协会微循环用药专业委员会　常务委员　中国中药协会心血管药物研究专业委员会　委员

于研 教师
单位：上海市同济医院
部门：骨科
职位：主治医生

贝毅桦 副教授
单位：上海大学
部门：上海大学生命科学学院

黄海 教师
单位：上海大学
部门：生命科学学院

沈成兴 主任医师，博士研究生导师
单位：上海交通大学附属第六人民医院心内科主任
职位：中国循环学会常务理事

袁晓君 副教授
单位：上海大学

附录七
教研项目

1. 上海高校思想政治理论课名师工作室"顾晓英工作室"(2016—2018),顾晓英。
2. 上海高校思想政治理论课名师工作室"顾晓英工作室"(2019—2021),顾晓英。
3. 高校课程思政教学科研示范团队——上海大学"同向同行"系列课程,顾骏团队,2018。
4. 全员育人:"同向同行"的平台设计与教师组织——以"大国方略"系列课为例,2017年度教育部人文社会科学研究项目之"思想政治工作专项",顾骏,2017。
5. 上海高校课程思政教育教学改革(整体校),上海大学,2018。
6. 上海高校课程思政领航计划(整体改革领航高校),上海大学,2019。
7. 上海高校课程思政领航计划(整体改革领航高校)之精品改革领航课程,"生命智能",2019。
8. 强化人文内涵 打造AI教育系列通识课,2019年上海高校本科重点教改项目,顾骏、顾晓英,2019。

后　记

承平日久，每个寒暑假我都会体验"假放"，每日早中晚三班，端坐在书桌前。仿佛这便是日常。殊不知，这个新春，这部书收尾时，我们所有人竟遇到这起突如其来的新冠肺炎带来的没有硝烟的战争。

每日刷屏。我们"躲"在家中为战"疫"作贡献。我们为疫情波动纠结。我们为无数医护人员奋不顾身在抗疫救人最前线而泪目。他们主动请缨、迎难逆行，用他们的生命，守护大众的生命。

偶尔发现。我们欣慰。杭州市委党校隔离区，越来越多的机器人也在投入这场战役。它们有个可爱的名字："小花生们"。它们在所有楼层上岗，成为无惧感染的智能送餐机器人。它们看起来没有温度，但危机时刻，在最危险的地方为大家提供着"有温度"的服务。而每日疫情调研AI智慧平台，已有语音机器人自动呼叫目标人群的电话，有助于服务智能化社会治理，保障人民群众的生命安全。这样的信息，越来越多……

2019年春季学期，上海大学首开"生命智能"课程，我们聚焦生命、医学和人工智能。课堂上，社会学、生物学、医学、人工智能交叉融入，师生探讨"治未病""永生""痛苦"以及"生命"背后的科技贡献、人文意蕴与社会价值。原以为，这些关键词离课堂内的师生有点遥远，重在敬畏生命，激起学生想象。不曾想，2020年的这个新春，骨感的现实即"生命保卫战"已确凿凿地来到大家面前。在为肉身的医护人员勇敢"逆行"前往疫区战斗点赞、为"小花生们"送餐点赞、为AI语音呼叫点赞的同时，我们真切体悟了"生命智能"内含的现实意义和未来想象！我们需要超强的社会治理能力，需要医技人员的勇者之行和拳拳之心，也需要高科技装备和技术的给力智能支持。

由此，"生命智能"课程和《生命智能课程直击》一书意义可鉴。

"生命智能"课程与"大国方略"系列课程由同一团队统一策划运行。

课程直击

"生命智能"与"人工智能""智能文明""人文智能""智能法理"一起,同属上海大学"育才大工科"系列课程。同名在线课程出品人为上海大学社会学院教授顾骏和我本人。线下首轮课程由上海大学社会学院教授顾骏担纲课堂主持并主讲,课程负责人为上海大学生命学院副院长肖俊杰教授,我本人则负责课堂教学组织、课程运行和师生对接。

《生命智能课程直击》是上海大学"人工智能"课程之五"生命智能"课程的配套书,是上海高校思想政治理论课名师工作室——"顾晓英工作室"和上海市课程思政教学科研示范团队"顾骏团队"的成果。这也是我们团队继《大国方略课程直击》《创新中国课程直击》《经国济民课程直击》《人工智能课程直击》出版后的第5部"课程直击"书。它是2017年度教育部人文社会科学研究项目之"思想政治工作专项"课题成果之一,也是上海大学建设一流本科教育教学成果及2019年上海高校本科重点教改项目的成果之一。它凝结着团队教学智慧,体现了学生学习收获,既可作为大学生修读同名"生命智能"超星尔雅在线开放课程的参考教材,也可作为兄弟院校教师对接"人工智能""生命智能"在线课程,实施翻转课堂使用的配套资源,也可作为当今最紧缺的对大学生进行生命教育的特色教材。

作为主编,我负责全书方案设计和文字编整。每个专题按照教学顺序编排,配上教师课程导入与每次课后的学生反馈。本书的主体部分上、下篇。上篇为课程设计与研究;下篇为10次课程的原生态课堂展示,由"教师说"和"学生说"组成。本书简化了"教师说"部分,具体内容读者可点击超星尔雅通识课——"生命智能"在线课程视频。10次课程的随堂反馈原生态呈现了学生习得,其中不乏想象与思辨。附录中列出"生命智能"的"课程安排、金句集萃、核心团队、教师风采、媒体报道、在线课程、教研项目"等7个模块,全方位直击课程。

感谢社会学院顾骏教授和我的导师忻平教授,是两位老师和我的会间偶遇且有合拍的策划思路才有之后迅速创生的"大国方略";是"双顾组合"精诚联袂,诞生了"大国方略""创新中国""创业人生""时代音画""经国济民"和"人工智能""智能文明""人文智能""智能法理""生命智能"等课程;是顾骏教授的睿智思想给"人工智能"系列课程课堂教学添上了一抹亮丽的人文底色。

感谢国家优青、上海大学生命科学学院副院长、医学院(筹)副院长肖俊杰教授。作为团队骨干,他之前已参与"创新中国""人工智能"等课程,这次又主动领衔"生命智能"课程。他积极协调理学院、生命科学学院等的老师们,还邀请了上海市第六人民医院心内科沈成兴主任及同济大学附属同济医院青年才俊主治医生于研博士,让课程师资丰富多元,真正实现教师与临床医师间的双师联动。

感谢这支融汇社会、医学、生命科学学科的师资队伍,体现了课程的文理交叉,不仅展示生命医学前沿技术,还有对生命智能的形而上思考。这群无私奉献的"思政志愿者"中有教书育人楷模,有宝钢优秀教师,有上海市育才奖获得者,有上海市教学能手,有上海市"青年拔尖人才计划"、上海市青年科技"启明星计划"、上海市青年科技英才"扬帆计划"获得者……他们用教书育人的使命感和责任感,用学科成就与家国情怀,用面对人工智能挑战的坦然心态与自信奋斗,激励了学生,感动了我,鞭策我更用心地服务团队、经营课程并认真成书。

感谢"生命智能"课程组全体教师的无私奉献。每周一晚上,生命科学学院的办公室主任王伟,学院党委书记沈忠明、副书记朱晓青等都会同授课教师相约到课,让"生命智能"课程拥有了更多的组织关怀。

感谢校内外各级领导、各部处和院系老师们长期以来的默默支持。拥有他们给力的支持,才有系列课程的持续精彩,才让品牌课程具有强大的影响力。

感谢媒体朋友。他们用镜头和文字,记录下团队的努力,把课程成功推介到四面八方,让成果惠及更多高校,满足更多大学生的期待。

感谢北京世纪超星信息技术发展有限责任公司。他们已录制"生命智能"等9门同名在线课程,让成千上万的高校师生有机会零距离共享上海大学精心打造的优质课程。

"生命智能"课程每次课前,第一页永远是"关注人类命运,融通生命智慧"。每堂课全部采用问题导入,分析案例,讲述知识前沿,既注重思想新颖,给学生视角,又没有给学生答案,保留思想的开放性,给予学生讨论空间,激发学生主动打开脑洞,启发学生自己去思考探索,让学生直面"生活""生死"和"生命",勇于创新与想象,思考什么是"意义",什么是"价值",什么是"永生",什么是"虽死犹生"……

"生于忧患,死于安乐"。顾骏老师以这句话作为本学期课程学习的结束。这句话同样启发了学生,他们在思考生命之喜忧,他们被激励着,去直面生活,珍爱生命,勇往直前。他们在思考,如何能有更大的作为与担当,思考如何能成为"担当民族复兴大任的时代新人"!

本书中,我们用数百条课后反馈原生态地记录学生的学和思。从2019年

3月"生命智能"开课到暑寒假整理成书,我仔细翻阅了课程班微信群数百则帖子,数十份学生期末小结。我从中挑选部分反馈选编入书,并对全部文字进行统整,尤其是在行文有明显瑕疵的地方作了梳理。学生的文字虽稚嫩,但也显示出学生打开脑洞后的思考,展示出学生奔放的想象力,呈现了学生被激发的情怀与创新意识,反映出学生的知识认知、价值判断及思维能力的提升。

感谢"生命智能"第一季课程班学生李志明等。他们主动担任课程助理,认真整理了每一课的学生反馈……

书中选用的材料均注明出处,尽可能做到素材的"原生态"。任课教师简介均由教师本人提供并审定。除封面教师照片,书中选用照片全部出自"生命智能"第一季课堂。

诚挚感谢上海大学出版社常务副总编傅玉芳老师与编辑团队。感谢刘强编辑认真细致的编辑加工。你们的专业支持,一直暖心。

时间较紧,能力有限,本书谬误之处和不完善的地方,敬请读者批评指正。

顾晓英
2020年2月于上海